世上所有的坚强，其实全靠硬扛

林子树 著

台海出版社

图书在版编目（CIP）数据

世上所有的坚强，其实全靠硬扛 / 林子树著 . -- 北京 : 台海出版社 , 2019.7

ISBN 978-7-5168-2380-4

Ⅰ.①世… Ⅱ.①林… Ⅲ.①成功心理—通俗读物 Ⅳ.① B848.4-49

中国版本图书馆 CIP 数据核字 (2019) 第 133496 号

世上所有的坚强，其实全靠硬扛

SHISHANG SUOYOU DE JIANQIANG，QISHI QUANKAO YINGKANG

著　　者：林子树	
责任编辑：姚红梅	装帧设计：YUKI 工作室
责任校对：樊新乐	责任印制：蔡　旭

出版发行：台海出版社

地　　址：北京市东城区景山东街 20 号，邮政编码：100009

电　　话：010 — 64041652（发行，邮购）

传　　真：010 — 84045799（总编室）

网　　址：www.taimeng.org.cn/thcbs/default.htm

E－m a i l : thcbs@126.com

经　　销：全国各地新华书店

印　　刷：河北盛世彩捷印刷有限公司

本书如有破损、缺页、装订错误，请与本社联系调换

开　　本：880mm×1230mm　　　1/32

字　　数：155 千字　　　　　　印　　张：8

版　　次：2019 年 7 月第 1 版　　印　　次：2019 年 7 月第 1 次印刷

书　　号：ISBN 978-7-5168-2380-4

定　　价：39.80 元

PART 1
世上所有的坚强，其实全靠硬扛

PART 2
与其讨好别人，不如取悦自己

PART 3
与其急着脱单，不如努力脱贫

PART 4
人生诸多不易，我们更要脚踏实地

PART 5
那些打不倒你的，终将会成就你

PART 1
世上所有的坚强，
其实全靠硬扛

你根本不是怀才不遇，
而是怀才不够

1

我有个朋友特别有意思。

大学毕业后进了一家报社实习，一直抱怨领导不给他上稿的机会，觉得自己就是怀才不遇。

有一次，他指着报纸上的一篇稿子和我说："你看到了吗，这么烂的水平，领导就让上稿。我的水平比这强多了，但却没有机会，真是愁死了。"

我劝他冷静下来等等机会。

后来，领导派他去做一个采访，他非常高兴，感觉大展拳脚的机会终于来了。可是采访完之后，他突然发现自己根本不会写稿，不是逻辑不行，就是结构有问题，不是语言不行，就是风格有问题。这一刻，他终于明白自己存在很大的问题。

很多时候，我们抱怨自己怀才不遇，觉得目前的工作根本配不上自己，只要给我们个机会，就能一飞冲天。我们一直以为自己缺机会、缺伯乐，所以才没发展成自己想要的那个样子，但凡有了机会，就能一鸣惊人。当机会真的来了，我们却又不知所措。

　　与其一直抱怨自己怀才不遇，还不如认真努力，提高自己的技能，克服困难。

2

　　同学小王就是个一直抱怨自己怀才不遇的人。

　　他是一家房产策划公司的老文案，大学毕业后，他就在这家公司工作。看着身边的同事一个个升职加薪，小王心里愤愤不平，他觉得经理就是故意的。

　　他在微信上和我说："和我同期进来的同事都升职加薪了，很多人学历没我好，能力也就那样，不知道领导是怎么想的，我真是怀才不遇啊。"

　　刚来单位的时候，小王心比天高，发誓一定要混出些名堂。很多基础的工作他根本不屑于做，总觉得以自己的能力，应该做更重要的。

　　因为刚来单位，领导不敢把重要的工作交给他，每次都会给他一些小活，小王就马马虎虎应付了事。时间久了，领导也不会再给他活了，他自然也就失去了表现的机会。

　　有人说，怀才就像怀孕，时间久了才能看出来。一个人只要认真努力地做事，自然会得到领导的赏识。倘若你有真本事，那么一定会得到重用。

　　千万不要好高骛远，抱怨自己怀才不遇，这样只会让自己更加被动，失去原本应该有的机会，到最后一事无成，虚度了光阴。

3

　　一个一直抱怨自己怀才不遇的人，必然不会有好的前程。因为他从未在自身上找问题，也不相信结果是自己造成的，更不会踏实地做好眼前的事，觉得这些小事对自己来说太简单了，反而在别人的进步中，不断地用怀才不遇安慰自己。

　　事实上，抱有怀才不遇态度的人对自己极度不负责。他们一直在寻找机会，但从未为这个机会做好应有的准备。一旦获得渴望的工作，就会漏洞百出，彻底露馅。

　　怀才不遇看似很有道理，很多时候却不过是自我安慰的精神胜利法。一直抱有这个态度的人，很难认清现实。对于这一点，朋友小李深有感触。

　　他和大学同学进入同一家单位，两人专业水平都差不多，但是同学会认真完成老板交代的工作，而小李则一直在抱怨，觉得老板安排的工作太小儿科了，所以根本不想做。

　　后来，同学越做越好，深得老板赏识，而他却被炒了鱿鱼。

　　抱怨怀才不遇的人可能不会觉得小事有多重要，但你要知道，每一件大事都是由无数件小事组成的。只有脚踏实地认真做好小事，你的"才"才会慢慢突显出来，才会得到重用。

　　这世上没有怀才不遇的人，只有怀才不够的人。

凡事都靠别人，
所以你才越混越差

1

在知乎上看到一句话，深以为然："如果一个人一直想靠别人，那么他一定会受到惩罚；暂时的依靠或许能得到暂时的改变，但终不会长久。"

在工作中，我们经常会遇到一些棘手的问题，肯定会向同事请教。有的人请教一次后，很快就会知道怎么做，而有的人再次遇到相同的问题还是不会。

为什么会这样？

因为你凡事都想依靠别人解决，所以你的能力并没有丝毫提升，最终成为公司的最底层。

朋友H在一家外贸公司上班，由于经常与外国客户打交道，所以公司对员工的英语水平要求很高。H虽然英语已经过了八级，还是感觉有些力不从心。前段时间公司里来了一名实习生，她的英语水平并不是很好。

领导觉得只要能在公司里很好地历练，那么她应该很快就会适应。刚开始，小姑娘虚心好学，每次遇到不懂的问题就找H请教，H也非常有耐心。当时间久了，H发现一个问题，有些语句这个小姑娘已经问了好几遍了，但还是一直在问。

有一次，小姑娘又来请教H问题，H说："亲爱的，我记得你这个问题已经问过好多遍了。"小姑娘眨了眨眼，一脸懵懂地说："真的吗？我都不记得了，每次解决完我就忘了，英语真是让人头大，我懒得去想。"小姑娘说完后，H一脸尴尬。

2

很多年轻人就是这样，从来没有想过持续学习，反而把别人当成免费的咨询顾问。这不仅让别人反感，还让自己的工作能力越来越低，时间久了，这样的人注定会被淘汰出局。

因为懒惰、嫌麻烦，我们心安理得地麻烦别人，总觉得工作混一天是一天，没必要那么认真。可是你要知道你在混工作的时候，工作正在惩罚你。

朋友荣是一家报社的记者，刚入职的时候，荣非常自卑，因为在强手林立的报社，她只是一名普通大学的毕业生。

和她一起入职的同事学历不错，报社给了她们三个月的试用期。这名同事根本没有把荣放在眼里，只要遇到事情，她就去问其他同事，虽然有很多问题，她明明知道是重复的，但她懒得查资料。

荣不同，她遇到事情会找同事请教，找到解决方法后，她会把问题的答案记到一个小本子上，绝对不会找别人请教相同的问题。她说："我这样记下来，印象就会深刻，不仅少了麻烦别人的频率，还能提高自己的工作能力。"

三个月试用期结束，荣留了下来。在一次部门会议上，主任说："学历并不能衡量一个人的最终价值，能独立解决问题，让自己的能力越来越强，这才是关键。"

3

有时候，我们会遇到这种情况，明明自己很努力，但到最后却什么也不会，还险些被公司炒鱿鱼，这到底是为什么？

依靠别人不是真正的努力，而是一种假象。这种假象不仅蒙蔽了自己还蒙蔽了别人。别人以为你水平很高，但只要让你独立负责一件事，你就会露馅，而他们甚至不会知道为何会有这种结果。

认真努力得少，瞎努力得多，直接导致我们在机会面前不知所措。这是多么残酷的道理。

你的独立能力越强，那么你的收获也就越多。在失意时，别怨天尤人，你完全可以静下心来想想这到底是为什么。在职场中，聪明的人不会怪机会少，因为他们知道自己付出的有多少。

我在写作圈认识一个朋友，她真的非常努力，但几乎从来不上稿，为此她非常郁闷。她问我："你说写作是不是需要天赋，要不为什么我屡投不中？"一段时间的接触后，我才知道她为什么发不了稿子。

　　她写稿非常快，从来不看杂志要求，写完后就把稿子丢给编辑。当编辑让她修改时，她可怜巴巴地说："我真不会改，你可否帮帮我？"刚开始编辑还会给她一个模板，但后来她仍旧如此……

　　然后就没有后来了。很多编辑不喜欢她，她的作家梦还没绽放就破灭了。这种人真的很可悲，写稿本身是你自己的事情，你不认真修改还指望谁？如果你一直依赖别人，那么你永远得不到成长。

4

　　当机会从身边悄然溜走，我们总能给自己找借口："身边的人，不都这样嘛，大家都混得不好，我也无所谓了。"

　　我们总想依靠别人来改变自己，总想让别人做自己的"拐杖"，时间久了，我们竟然连路都不会走了。

　　到了二十五岁该努力奋斗的年纪，你怎么还幻想着能过上一劳永逸的生活？你不断地安慰自己，得过且过，从来不去认真努力，从来不去改变，这样的生活有何意义？

　　人的一生有很多分水岭。你上了一所好大学，可能暂时比别人领先，但这并不代表你会一直领先。总想依靠别人走捷径的人注定会摔得更惨，社会是公平的，工作能力是永远不会背叛你的"好闺密"。

　　如果你在年轻的时候就想得过且过，那么又怎么会改变自己呢？走着走着，人和人的差距就拉开了，而机会永远眷顾那些依靠自己的人，他们的未来也一定会越来越好。

依靠自己并不代表闭门造车，而是在请教别人的时候学会思考，在思考中提高自己的工作能力，让自己能更好地胜任一份工作，让自己有更多改变的机会。

努力会累，
但不努力会更累

1

有很多人在大学里选择敷衍度日，也有很多人选择争分夺秒，努力绽放自己。临近毕业，这两类人都会感到非常痛苦，因为工作难找而一脸迷茫，好像努力和不努力没有丝毫差距。

甚至有人抱怨在大学里的付出，觉得自己所有的努力都付诸东流了。

两年前，我认识了一位叫苏的记者，因为家庭原因，她在大学里非常努力。她说："我一无所有，只剩下了努力，希望一切都如自己所愿。"

然而，命运跟她开了一个天大的玩笑，当她终于如愿以偿，圆了自己的记者梦之后，却因为种种原因，与其失之交臂。

我问苏："后悔吗？"苏咬紧牙说："后悔谈不上，只是有些难过。有时候让自己低到尘埃，疯狂地努力，可结局还是让我悲伤。"

朋友劝苏不要这么拼，是自己的赶也赶不走，不是自己的争也争不来。可是如果苏不去争取，不去努力，那么她的未来或许真的一片渺茫了。

苏决定离开那座让自己伤心的小城。临别之前，她对我说："做一名记者是我的梦想，所以我不会轻易放弃。"我拍了拍她的肩膀，嘱咐她加油。

一晃两年，那个为梦想努力的女孩终于浴火重生，她现在是一家知名报刊集团的记者。她的个性签名是："努力会累，但是不努力会更累。"

2

生活是公平的，你所有的投机取巧一定会得到惩罚。

江江是我多年的好友，因为对工作不努力，她始终停留在公司的最底层。当别人通宵达旦地做策划案时，她躺在沙发上看电视；当别人不停地修改稿件时，她在打无聊的手机游戏。

我们一起吃饭，江江说："真不明白你们这么努力有什么意思，还不是和我拿着一样的工资？"

江江说完后，我们几个面面相觑，好像她说的确实是事实，我们拼命努力工作并没有得到更多的报酬。

但江江忽略了一点，我们通过努力而具备的素质，她这一辈子也获取不到。差距总是在无形中拉开，很多后来加入公司的同事在几年后都升到了不错的职位，而江江还是原地踏步。

她从来不反思原因，而是天真地以为，我们给了领导很多好处。在她的眼里，我们并没有能力，只不过会溜须拍马。

有时候，我跟她说，希望她能认真对待工作，但是她说："别假惺惺了，我自己的事情会处理好，不用你瞎操心。"我们多年的友谊在那一刻亮起了红灯。

后来，我不再管她，因为一个嫌努力会累、上班逛网店、下班收快递的人不值得任何人同情。江江最终还是被开除了。

看到她黯然神伤地离开单位，我依然很难过，只希望她能明白努力的价值，早日找到自己的定位。

3

我们很多人都抱怨努力太苦，所以会选择一种相对轻松的生活模式。努力与不努力的人可能暂时看不出差距，但等几年，分水岭出现后，结果肯定会显而易见。

生活中，有很多啃老族，他们会在父母的支持下买房子，在父母的支持下不费吹灰之力得到自己想要的东西。但这对他们来说并不是好事，父母终究会老去，你总要学会独自面对生活。

在我的朋友中，我极少写可可，因为和她相比，我会汗颜。如果没有疯狂地努力，现在的她，或许跟很多女孩一样正在家里做一些手工活。

可可十二岁时，父亲身染恶疾去世，母亲把她和弟弟拉扯大。

念高中的时候，弟弟也患了病，昂贵的医疗费用让这个原本就不幸的家庭雪上加霜。面对这一切，成绩优异的可可选择了退学。

为了补贴家用她选择了南下打工，每月留下一丁点生活费，其余的全部寄给家里。可可没有娱乐，只会偶尔买一些书。那段时间，书成了她全部的精神支柱。

为了圆自己的大学梦，她选择了自考，边工作边学习。虽然有时候很累，但可可咬牙坚持，很快拿到了自考本科证，一年后顺利拿到学位，如今她是国内一所大学最年轻的讲师。

当年和可可一起工作的同事，如今还在重复着曾经的工作。可可说："如果我不努力，享受暂时的安逸，那么我的未来将会一片黑暗。"

4

其实，努力是一种勇气，更是对命运的虔诚。在人生的道路上，努力攀登还是自由下落，这都取决于我们自己。

不想努力付出，只想享受安逸，给自己的人生之路寻找太多的借口，很多人一事无成都是败在不能坚持上，这也注定他们的人生会更加辛苦。

暂时没有前途或许正是自己成功的好机会。如果不去努力坚持，我们这一辈子或许都活在后悔中。

在成长的路上不要羡慕别人。如果你能做到足够努力，那么你的未来一定会充满光明，你的人生也一定会多姿多彩。

人生必须经历破茧成蝶的痛苦，才能展翅高飞。

你可以努力去做自己感兴趣的事，然后坚持，一定会有结果。当然你也可以选择懒惰、不求上进，只要你能怡然自得，也没什么错。这两种不同的方式必然会带来不同的结果。

这个世界变化太快，也许你平静的生活会因为一些事打破。在那个时候，你用什么去支撑，想过吗？如果那个时候才想起努力的重要性，是不是一切都晚了？

如果想获得改变，想让自己以后的生活过得轻松，那么就要做一个积极主动、努力进取的人，坚强地去面对生活中的困难，让生活充满幸福。

丢掉玻璃心，
你才能走得更远

1

作家契诃夫在《小公务员之死》里讲了这样一个故事：

一个人在剧院看戏时不小心冲着一位将军的后背打了个喷嚏，便疑心自己冒犯了将军。他三番五次向将军道歉，结果惹烦了将军，最后在遭到了将军的呵斥后他竟然一命呜呼了。

这个人不过是在将军的背后打了个喷嚏，将军根本没有当回事。可他却以为将军会生气，三番五次地打扰将军，最终得到了将军不耐烦的呵斥。

这个故事看似荒诞，其实影射了一部分有玻璃心的人。他们有一个共同点，就是都具有把自己的感情、意志、特性投射并强加于他人的一种认知倾向，而且极其敏感、胆怯、羸弱。

玻璃心的人特别敏感，甚至有些神经质。三个人在一起时，其中两个人之间谈话多一点，他就会觉得别人是针对他；别人关门声大一点，他就觉得别人讨厌自己；跟别人聊天对方没有秒回，他便会臆想出来一大堆可怕的事情……

他们一直生活在自己的世界里，有着一套应对外界的想法和社交理论。一旦发现别人和自己不一样，他们便会觉得自己受到了伤害，内心极其不安。

2

单位有一个非常优秀的小伙子，因为一件小事辞职了。虽然他辞职的时候，大家都在极力挽留，但他去意已决，完全不在乎众人的意见。

他辞职之后过来跟我告别。我说："真的太可惜了，你原本可以走得更远。"他说："这样的单位真没意思，我也真没见过这样的领导，再待下去，我怕自己会发疯。劈头盖脸地骂人，真的太伤自尊了。"

其实，对于这件事我和他的看法完全不一样。因为是媒体单位，领导对员工的要求很严。这个小伙子因为在校对的时候漏掉了两个错别字，被领导知道后叫到办公室一通训斥，最后他受不了了。

临别之际，小伙子还说："你说，不就两个错别字吗？至于这么上纲上线吗？全然不顾别人通宵达旦的付出。"在他的眼里，这根本不是致命的错误，所以他忍受不了领导的批评。

有很多年轻人，受不了半点委屈。他们渴望被赞美，忍受不了批评，做事情也特别情绪化。这说到底就是玻璃心在作怪。

我们要做的就是去战胜它，不让它成为自己前进的绊脚石，不让它牵绊自己的意志，束缚自己的行动。也只有这样，我们才能把玻璃心打磨成钻石心。

3

生活中，我们经常会遇到这样的人，无论别人说什么做什么都会牵扯到自己身上。比如走在路上发现别人一直看自己，就会担心自己今天穿的衣服是不是不好看；和同学聊天，同学因为忙碌半天没理自己，就觉得自己说错话了；想约朋友一起吃饭，但朋友因为加班拒绝了，就觉得自己可能得罪朋友了。

这种疯狂的臆想实际上真的很可笑。别人可能在看你身后的风景，而你却以为他在看你；同学并不是不理你，而是真的特别忙碌；朋友不是不愿意和你一起吃饭，而是正在努力赶方案。

玻璃心的人都缺乏安全感，还会把别人的心思揣度得变了形，将人心复杂化。他们会给自己制造很多无谓的困惑，导致自己处理不好社会关系。

成长并不是一帆风顺，我们会遇到很多困难。所以丢掉你的玻璃心吧，尽可能地去直面它，去做正向的沟通，从根本上去解决问题。也只有这样，你才能获得自信与安全感，才能让自己的人生之路更加璀璨。

躺着是舒服，
但会让你变得虚弱

1

心理学家通过研究人对外部世界的认识发现，每个人最渴望的就是待在舒适区，整天无所事事。躺在床上，吹着空调，看着自己喜爱的连续剧，这确实是一种非常舒服的活法。

前几年"葛优躺"刷爆朋友圈，并成为很多年轻人羡慕的生活方式，但殊不知这种安逸正在悄悄惩罚你。当你失去为梦想奋斗的动力，那么这个残酷的世界也会淘汰你，会让你越来越弱。

年轻人，床上没有你的未来，只有你虚度的青春！

两年前，单位里来了两个姑娘，她们的硬件条件都不错，毕业于同一所名牌大学，但她们对工作的态度完全不同。小A是迷恋舒适区的人，即使遇到不错的新闻，也不想去跟，总是在办公室里混日子；而小B则不一样，无论是酷暑还是寒冬，都一直坚持。

小B的个性签名是："感觉到累就对了，舒服是留给死人的。"

时间一长，她们终于拉开了距离。有一次，主任带她们去做采访，小B轻车熟路地很快做完，而小A连采访的基本方式都忘记了，在小B的帮助下，她才顺利采访完。

主任看到她们的稿件时，不禁长叹一口气，他对我说："到底是什么原因让两个水平相近的人最后拉开了距离？"

我说："应该是心态，小A从开始就没有进入工作状态，她只是舒服地混日子，这样的结果肯定会让自己越来越弱。"我说完后，主任点了点头。

其实，躺着让自己舒服，本身没有问题。但如果这种力量太强，就会让你放弃追逐梦想的动力，这非常可悲。

2

生而为人，我们都在为自己的梦想奋斗，但很多时候我们觉得天上会掉下馅饼。我们在年轻的日子里，不去努力奋斗，只知道享受舒服带来的惬意，这种生活迟早会害了我们。

二十几岁的人想过八十多岁的生活，这确实太可悲了。

我们要有一颗挑战的心，只有这样才会让自己变得更强，才不会被世界淘汰。

很多人表面上一直努力追逐梦想，但从来没有得到一个好结果。有多少人嘴上说一定要逃离舒适区，却依旧熬夜追剧看漫画，最后虚度了青春。

我们过得太舒服了，所以才喜欢一路安逸地走下去。早上睡到八九点，醒来随便吃几口饭，开始玩电脑，打游戏；如果时间富裕，再谈谈恋爱，逛街吃饭看电影，然后在朋友圈吹吹牛。也许一天你不觉得浪费，但当所有浪费的一天天聚集起来，那就是自己的未来。

生于忧患，死于安乐，你的安逸一定会消磨你的斗志。

我们每个人都不曾满足现状，表面上想努力地去改变，但却又喜欢现在的安逸，不用操心什么，每天吃吃喝喝的，享受生活带来的乐趣。

3

朋友格子在一家单位工作了五年，后来的同事都陆续升职了，但是她却原地踏步。对此，她百思不得其解，她不明白为什么有些人明明没有自己努力，却比自己升职得快。

格子的生活方式很简单，在单位里认真做好领导交代的工作，回家后就开启刷朋友圈追剧模式。她天真地以为大家跟她的生活方式完全一样。

当她跟好朋友晓丽提起这事时，晓丽说："真羡慕你还有时间刷朋友圈追剧，我好多工作都做不完，恨不得自己有三头六臂。"格子说："每天的工作都很简单啊，想不到你效率这么低。"格子说完，晓丽并没有说话。

格子根本不知道，晓丽是按照更高职位的工作内容要求自己。她知道只有自己对这些工作得心应手，才能更好地获得提拔。她何尝不想舒服地躺在床上追剧，但如果这样下去，那么自己的未来将会一片渺茫。

很快，晓丽获得了升职，而格子还是原地踏步。格子或许这一生都不知道自己跟别人的差距在哪里。如果一个人在舒适区里待久了，只会按部就班地做好自己的工作，那么她未来一定不会很好。

年轻是我们的资本，我们要做合理的规划，尽最大的努力为自己争取机会。

无论如何，这漫长的一生总会过去，趁着还有时间和精力，去做些喜欢的事情。让所有不舒服的事情变得舒服，让曾经的梦想变成现实。

4

如果你足够聪明，那么请逃离消磨你斗志的舒适区，千万不要让自己陷入安逸中。哪怕努力的路充满艰辛，哪怕居无定所颠沛流离，你都要努力去追逐，去酣畅淋漓地搏一次。

面对这仅有一次的人生，我们一定要活出精彩。

青年作家李尚龙说："真正的强者，他们在年轻的时候，一定会经历沧桑，化解迷茫，学会坚强，懂得疗伤。他们一定会让自己变得更强。"

坐井观天的故事，我想大家都听说过。很多时候，我们其实就是井底的那只小青蛙，如果不跳出那口舒服的井，怕是永远都不会知道世界有多大。

有时候我想不明白，我们这么年轻为什么喜欢舒服地躺着，不积极去做事，这真的很可悲。其实，年轻人就应该有冲破舒适区的勇气。

打破舒适区，才能让自己更加卓越，才能给自己带来持久的幸福。

一个人的一生至少该有一次不顾一切地闯荡，不求结果多辉煌，只要坚定地朝着梦想努力，这就足够了。

生活本身是一匹野马，我们则是骑在这匹野马上的将军！人生是自己的，该怎么掌控、往哪个方向走，都要为自己做个规划，为这个目标去努力！

趁着自己还年轻，你应该去开阔自己的视野，让自己的活力散发出来，才不枉自己的青春岁月。

活路不是别人给的，
是自己杀出来的

1

早上在一个群里聊天，突然看到一句话，深以为然："活路不是别人给的，而是你自己杀出来的。"

这句话确实很有道理，很多时候，我们总是抱怨上天对自己不公平，但从来没有想过自己为此做了什么。

富书有个签约作者群，群里实行淘汰复活制，而复活的机会只有一次。具体要求是每个作者每月都要完成两篇稿子，如果完不成则要在下月完成四篇，这就可以复活了；如果还是完不成，那么只能出局。

有很多作者总是等到最后几天才写稿。当觉得自己完不成的时候，就想让编辑给自己一条活路，不想就这样被淘汰出局。

说实话，对这样的行为我是鄙视的。每月只有两篇稿子，完成起来应该非常简单，之所以完不成就是因为自己太拖了。

你可能会说，我的事情特别多，真的顾不上，那么谁的事情不多呢？我有一家中型超市，年底的时候特别忙，但我还是如约完成了几个公众号的任务。

那段时间，身体散了架，每到晚上就想倒头就睡，但最后还是说服自己坚持下来。这个世界上有很多条活路，就看你怎么走。

如果你不奋力去杀，那么活路也有可能变成死路。与其痛苦地自怨自艾还不如努力地杀出去，至少这样还有成功的机会。

在安逸的生活面前，每个人都想不思进取，但这绝不可能成为摧垮你的理由。很多时候我们总是抱怨自己运气太差，但殊不知这一切都是自己造成的。

2

《士兵突击》中有一句话："想要和得到，中间还有两个字，那就是要'做到'。"

我很喜欢这句话，也明白了完成一件事要付出多大的努力。

在这部电视剧中，按理说许三多是没有活路的。他本身是超生，整天被父亲骂，胆小自卑懦弱，跟同村的成才根本没法比。

进入部队后，成才成了各大连队争抢的对象，而许三多没有人愿意要。如果说他还有点幸运的话，那就是跟了一个好班长。

是的，摆在许三多面前的就是一条死路，如果自己不杀出去，那么一切就这样结束了。但最终他明白了自己想要什么，所以为了这个结果他拼尽了所有的力气，终于让自己逆袭。

命运对每个人都是公平的，你做了什么它都会有记录。如果你为此疯狂地努力，那么结果一定是好的，也一定会有很多条活路等着你去挑。

但如果你无所事事，随便应付，那么结果必然会非常糟糕，到头来不过是死路一条。

鲁迅曾说："哪有天才，我只是把别人喝咖啡的工夫，都用在工作上。"

这世上所谓的天才，就是对工作全力以赴的人，就是在人生路上披荆斩棘的人。

3

说个朋友李哥的故事。

大学毕业后，李哥没有留在大城市，而是回到了我们的家乡日照创业。他本来在大城市能找到一份不错的工作，但他依然放弃。

为此，他的父亲一个多月没有和他说话。当看到他创业没有丝毫进展时，他的父亲说："为什么说了你就是不听，你回来创业明显就是死路一条。"

李哥看了父亲一眼说："爸，请给我个机会，我相信总有花开时。"

他的父亲后来再也不说了。

创业是何其艰难啊，每走一步都是摸着石头过河，甚至稍有不慎就会满盘皆输。更何况李哥做的是咨询管理公司，很长一段时间生意毫无起色。

三年前，李哥给我打了个电话，他在电话里问我是否有两万块钱。我问他怎么了，李哥说现在需要周转下，我很快把钱给他打了过去。

我说："李哥，既然不行就别折腾自己了，这样也没什么意义。"

李哥说："谢谢兄弟，我再努力一把试试。"

后来，他成立了日照创业大学，这是我们市里唯一一所帮助社会人员就业的大学。很快他就打开了局面，很多企业纷纷邀请他做顾问。他终于在自己波折的人生中杀出一条活路。

我问他为何如此坚持，李哥说："每个人内心都会坚持一些东西，虽然可能会付出惨烈的代价，但这是你内心渴望的，就值得去争取。我相信总有花开的一天。"

事实上真是这样，创业之所以难就是我们坚持不下来。面对眼前的困难束手无策，甚至会把可能的活路变成死路，这真的很可悲。

一个人如果不为自己的梦想努力，当别人想拉你一把的时候，都找不到你的手在哪里。当你自己都觉得前面是死路一条了，那么可能就真的没有活路了。

4

我佩服那些坚持的人，更佩服那些想尽一切办法为梦想找活路的人。

以前有个朋友就是没有梦想的人，虽然她跟每个人都说自己要怎么样，但是她从来不会去做。因为害怕失败，她根本不去尝试。

她有大把的时间可以利用，但她没有，而是把时间浪费在无聊的肥皂剧上。那段时间公司裁员，她赫然在列，为此她感到非常委屈，就找领导理论。

领导说："对不起，我没有办法不这么做。公司里面不会养闲人，以你目前的能力根本不能胜任现在的工作。"

从领导办公室出来后，她哭得稀里哗啦，但无论怎样，职场都不会相信眼泪。

本来摆在她面前的是一条活路，但她却走死了。可能在这个过程中她觉得无所谓，但当结果出现的时候，她终于意识到了问题的严重性，但一切都晚了。

你为梦想偷的懒，就是给未来挖坑。这一切都怨不得别人，只能怪你自己。一个人只有努力成全自己的梦想，成为自己的英雄，才能无悔这一生。

5

有些人以为自己一生都是活路，所以不会去改变。人丧失了斗志，就如同温水中的青蛙，再也不会主动去改变，一旦遇到危险，就会陷入被动当中，最终死路一条。

其实，你要知道，活路不是别人给的，而是你自己杀出来的。

如果想时刻拥有活路，那么就要养成随时随地学习的能力，克服自己的懒惰，为了梦想全力以赴，这不仅是一种纵向的自我提升，同时在横向上也是对自我人生的一种丰盈。

如果你想走得更远，那么千万不要放弃学习的能力。这个世界是变化的，谁也说不准会在什么时候遇到危险。我们唯一要做的就是让自己变强，也只有这样，眼前的死路才会变成活路。

你还年轻，
没必要活得那么谨慎

1

朋友小北是一家广告公司的资深文案，因为工作性质，她经常加班，有时甚至会到半夜才回家。她像一台上了发条的机器人，丝毫感受不到工作带来的乐趣。

有一次我们一起吃饭，看到她无奈的样子，我笑着问她为什么不辞职。小北考虑了一下说："我何尝没想过辞职，但只要看到嗷嗷待哺的孩子和每月的房贷，我就咬牙坚持了。"

前年，小北和她先生结婚，两个人省吃俭用终于凑够了一套房子的首付，接着每月雷打不动的房贷让他们活得非常谨慎。孩子出生后，他们两人微薄的薪水有点捉襟见肘，所以小北明知道自己对这份工作失去了兴趣，但是她不敢辞职。

在生活中，小北这样的年轻人比比皆是，他们或许充满了创造力，或许拥有改变自己的能力，但是为了生活，他们选择了掩盖自己的锋芒，谨慎地经营着没有半点涟漪的生活。

我不否认谨慎对一个人非常重要，但是过度的谨慎只会让自己的人生更加糟糕。当一个人一眼就能看到自己的未来，这是非常可悲的。

当一份工作做久了，每个人都想跳槽，但这就要看自己是否具备了这个能力。有些人对工作的态度就是应付，而有些人在努力做好本职工作时还会利用闲暇的时间提高自己的能力。

让自己变得足够强大非常重要，它会在你陷入山穷水尽时带你重新找到柳暗花明，一个人可以活得谨慎，但千万不要以谨慎为借口，让自己陷入安逸的生活中。

2

去年，同事小可获得了去英国留学的机会，并得到了学校提供的全额奖学金。熟悉小可的人都知道，她的家庭并不富裕，结婚后，夫妻两人买了一套小居室的房子。

因为生活的压力，他们暂时没敢要孩子，每天按部就班地上班，赚着微薄的工资。这种生活让小可非常讨厌，为了改变，她开始利用业余时间疯狂地学习。

为此，老公有些不理解，每天看到小可劳累的样子，老公说："为什么要这么拼，在这所大城市有自己的房子，我已经很满足了。"老公说完后，小可并没有说话，而是继续努力地学习。

为了改变自己的生活，小可做出了巨大的牺牲。当同事们在聊天时，她在学习；同事们在看电视剧时，她还在学习。这种一眼就能看到未来的生活，她一天也不想过。

为了拿出更多的时间学习，小可选择了辞职。领导说："你知道现在工作有多难找吗？我觉得你最好认真考虑下。"虽然小可知道，辞职可能给生活带来巨大的影响，但她还是想努力一次。

拿到留学资格后，小可说："很多时候，我们活得太谨慎，害怕自己的选择会给生活带来巨大的影响，但我觉得当一个人为梦想而战时，那么所有的困难都会让路。"

3

以前看过一个故事，一位企业家接受记者采访，当他们谈起企业家的成功时，企业家说："其实，这没什么的，我只不过是逼着自己努力了一次。"

这位企业家选择创业的时候，还是一家公司的经理，生活得非常安逸。随着时间的推移，他慢慢厌倦了这种生活，当他跟领导提出辞职时，所有的人都以为他疯了。因为如果辞职，那么他现在所有的一切将不复存在。

面对大家的苦口婆心，企业家还是坚持自己的想法，他对记者说："那个时候的我还比较年轻，这仅有一次的人生，我一定要活成自己想要的样子。"

在众人惋惜的目光中，他开始了创业。虽然一路走来充满坎坷，但他还是获得了自己想要的成功。因为没有了退路，他只能逼着自己前进，因为逃离了舒适区，他只能一路坚持。

　　其实，这世上很多年轻人有足够的能力，但是他们害怕自己的选择会给生活带来重大的影响，因此他们宁愿在舒适区里待着也从来不去想改变。时间久了，他们的棱角逐渐被磨平，整个人的思想也发生了本质的改变。

　　活得太谨慎的人很难有一个好的未来，对人生充满犹豫的人也注定不会得到命运的垂青。你所谓的安逸在别人看来真的很可悲。

4

　　不断地学习能改变一个人谨慎的态度，会给人生带来足够的安全感。

　　同事小茹最近升职了。刚来单位时她的工作能力并不是很出众，但是小茹喜欢学习，为了变得更好，她看了大量的书籍，写作水平也提高得非常快。

　　有一次，她值班排版，发现领导的文章有几处错误。当她和同事说这件事的时候，同事谨慎地说："应该是你看错了吧，领导的文章怎么可能出错呢？我觉得咱们还是别管了。"

　　同事说完后，小茹也觉得可能是自己的问题，但是她越看越觉得有问题，最后她只好拨通了领导的电话。领导得知这件事后非常高兴，要不是小茹及时告知，肯定会出大问题。

　　领导开始对小茹刮目相看，对她大加赞扬。小茹很快成了我们的编辑部主任，领导说："一个发现别人问题能及时指出的编辑绝对是个好编辑，她值得拥有这个职位。"

如果小茹不学习，那么领导稿子中出现的错误她肯定看不出来，更不用说能帮领导指出来了。所以说努力学习的人内心一定会充满底气，也不会在工作中变得非常谨慎。

5

我们都还很年轻，根本没有必要太谨慎，很多事情只要努力去做一定会是另一种结果。如果我们在舒适区里安逸地老去，那么就失去了生活的意义。

在人生的旅途中，我们不能毫无考虑，一腔热血地做决定，而是要经过深思熟虑，对人生做最理性的规划。为了追求生活的更高品质，我们只有努力地学会改变，跳出固有思维的束缚，才能开启一段崭新的人生。

如果要在生活里有所改变，那么我们就要不断地学习，不断地投资自己，让自己在选择面前有足够的底气。当机会来临时，选择华丽的转身，拥抱新的生活。

如果你愿意，那么一定要做一个强大的人，不要在舒适的生活区里迷失自己，而要不断地为自己的人生镀金，在自己仅有的人生里冲破阻力，迎接生活中新的开始。我觉得这才是人生的意义所在。

你不是能力不行，
而是缺乏执行力

1

去年，有个文友觉得写作市场很火，决定开始认真写东西。平心而论，这位文友的写作水平非常不错，高考作文满分，曾经的新概念作文大赛一等奖获得者，是很多人羡慕的对象。

半年过去了，我原本以为她应该有很多作品见刊见报，但没想到啥也没有。有一次在微信上闲聊，我问她原因。她说："我还没开始写呢，总觉得不知道写什么，所以索性就搁浅了。再说估计我写了也没有人要，还不如不写。"

她的话我无言以对，只是觉得非常惋惜，一个有良好写作功底的人就这么废了。

其实，很多时候，我们并不是能力不行，而是缺乏执行力。想得太多是大多数年轻人的通病。遇到问题首先想到的是困难，而不是怎么解决困难。因为害怕，梦想就只能是梦想了。

凡事如果你去做，可能会成功但也可能会失败，但如果不去做，那么只能失败。有很多人遇到事情会犹豫不决，想等待一个绝佳的机会。殊不知，在你犹豫的时候，具有超强执行力的人已经在做了。

时间久了，你会发现，就算当时你的起点比别人高很多，那么也会被他们甩在后面，造成这个原因的并不是你的能力，而是执行力。

2

有个朋友跳槽到一家外企工作，刚去公司的时候，因为有很多想法深得顶头上司的器重。有一次他跟上司说自己的想法时，上司竖起大拇指说："真是个好主意，你一定要尽快形成策划方案。"

上司原本以为这位朋友说完后会立即去执行，但没想到他根本没做，只是一直停留在想的层面。

后来，上司要去开会，急匆匆地对朋友说："上次说的那个方案做好了吗？我要用来跟对方谈合作。"朋友支吾着说："对不起，我还没做呢，请再给我点时间。"

这下上司火了，因为时间差不多过去一个月了，他没有给朋友任何机会，而是直接把他开除了。为此朋友觉得委屈，他在微信上和我吐槽："不过没做好方案而已，这领导真难伺候。"

朋友说这话时，我并没有说什么，也许他到现在还没有意识到执行力对一个人乃至一个企业到底有多重要。

很多时候，能力并不是最重要的，执行力才是。企业里表现好的员工可能不是能力最强的，但一定是执行力最强的。或许他们没有极强的能力，但是绝对会把眼前所有的事情都处理得井井有条。

与其一直停留在想的层面，还不如努力地去做，至少这样不会留下遗憾。

3

生活中，有很多人就是这样，总说要开始减肥，可是几个月过去了没有丝毫进展，减肥成了一句口头禅；发誓要早睡早起努力读书，可刷完手机已经凌晨两点。

下定决心要攒钱，来实现自己微小的梦想，可每月照样成为月光族；总和别人谈及自己的梦想，却从来没有执行的动力。

有个人对画画很感兴趣，但他迟迟不敢开始，一直拖着。有一次他跟朋友说："我很喜欢画画，可一直不敢开始，怕自己画不好。"

朋友说："暂且不说你能否画好，但你不去开始，又怎么知道自己画不好呢？"

你我以及身边的大多数年轻人就是这样，虽然心中有很多美好的想法，但从来不敢开始。因为惧怕失败，所以一直在逃避。可你知道吗？等待和犹豫才是这个世界上最无情的杀手。

如果想考研，那就马上努力学习，别一直停留在想的层面；如果想减肥，那就管住嘴迈开腿，千万别只是说说而已。

如果能力还不错，就更不要停留在想的层面了，因为这样只会害了你，让你离自己的梦想越来越远。

谁不是一面舔舐伤口，
一面含泪奔跑

1

  这世上没有一马平川的生活，谁不是跌跌撞撞一路前行，哪怕在前行的路上摔得全身是血，但至少我们一直在路上。

  以前看过一个故事：静谧的非洲大草原上，夕阳西下，这时，一头豹子在沉思，明天太阳升起时，我要奔跑，以追上跑得最快的羚羊；此时，一只羚羊也在沉思，明天太阳升起时，我要奔跑，以逃脱跑得最快的豹子。那么，无论你是豹子还是羚羊，当太阳升起时，你要做的，就是奔跑！也只有奔跑才会有希望。

  生活从来没有一帆风顺，那些强大到让你仰视的人谁不是舔舐着伤口奔跑？

  也许你奔跑了一生，也没有到达彼岸；也许你奔跑了一生，也没有登上峰顶。但是抵达终点的不一定是勇士，敢失败的，未必不是英雄。只要你不放弃，带着伤口继续奔跑，就一定能在自己的世界里大放光彩。

2

影视明星胡歌就是这样一位带伤的奔跑者。二十三岁那年他一夜成名，却在二十四岁经历车祸、毁容，二十五岁整容、回归。现在，我们可以清楚地看到他的伤疤，但也能感受到他散发的光芒。

有人说，长得好看的人，是被上帝亲了一口的苹果。那时候，胡歌就是被上帝眷顾的苹果，因为上帝的眷顾，他获得了平常人难以获得的鲜花和掌声。

但命运似乎跟他开了一个天大的玩笑。一场车祸让他失去了一切，他的脖子和右眼缝合了一百多针，并在四天内经历两次全身麻醉的手术。那段时间，胡歌以为自己将会失去一半的光明。

在被推进手术室之前，他一直在思考如何面对右眼的失明。右边脸上血肉模糊，他内心充满无助，他在救护车上向医生询问右眼的情况，得到的答案是不确定。他在治疗时，经纪人跟他说眼睛缝了不能哭，胡歌只能把头放得很低很低，让眼泪掉在地上。

一年后，胡歌选择了复出。虽然自己脸上有了疤痕，但他选择带伤前行，因为他突然明白，自己是个演员，不是个明星。他说，回不去的皮囊，可以用思想填满。

2013年，胡歌用一整年的时间回归话剧舞台，通过话剧来磨炼自己的演技，并凭借话剧《如梦之梦》获得第二届丹尼国际舞台表演艺术最佳男演员奖。后来刷爆荧屏的《伪装者》和《琅琊榜》再次让他名声大噪。

正如他所说："没有什么值得去遮掩的伤痕。所有出现在生命里的波折，所有留在我们身上的命运的痕迹，都是我们区别于他人独一无二的标识。伤疤，放不下是缺陷，放下了就是勋章。"

车祸后，如果胡歌选择一蹶不振，那么他不会取得今天的成就。苦难有时候是上天送给我们的礼物，真正的强者一定会在苦难中涅槃重生。

尼采说："那些杀不死你的，终究会让你更加强大。"真正的强者都是带着伤口奔跑的。他们无法预知明天和意外哪个先来，但他们会让自己变得更加优秀，当意外来临时，依然能够微笑着应对。

我们看到那些勇敢和完美的人，谁不是带着伤口依旧向前奔跑。在某一个时间段，我们会感到命运的无奈，看不见未来也找不到希望，只能感觉到心口的疼痛。可是只有带着这些隐隐作痛的伤口，我们才能站得更高。

3

曾经我也遭受过苦难，也曾让自己伤痕累累，但幸运的是我挺了过来。那段时间，我的内心充满痛苦，如果你没有体会过靠信用卡全家度日的感觉，那么也许你无法理解；当你不再只考虑一个人，当你承担起家庭的责任时，你定能体会那种无助的悲凉。

大学毕业后，我顺利进入当地一家报社，安逸的工作让我失去了奋斗的动力。后来父亲突然患病，这让原本就不富裕的家庭雪上加霜。那段时间甚至要靠信用卡度日，我看不到未来，整个人变得非常麻木。

后来，我不想再继续这种生活，我想到了改变，哪怕伤痕累累也要带伤前进，否则生活将会陷入万丈深渊。当时我姐家附近有一家批发部要转让，我想也没想就转下来了，欠债二十多万元。当亲戚们知道我回家的消息后，他们的内心充满了嘲笑。

生活不会因为某个人的意志而发生改变，尽管有很多事你不想去做，但却又不得不做。为了卖货，不善言辞的我开始和一些小商店打交道，虽然这个过程充满艰辛，但好在超市很快步入正轨。我开始重拾写作，一段时间以来我再次让自己蜕变，我的文章不仅在短短的时间内上遍全国八十多家杂志，而且还上遍了各大公众号，我也顺利地出版了自己的书。

作家李筱懿说，最好的人生不是一马平川没有障碍，而是跨过或者绕过路障继续前行；最好的际遇不是不受伤，而是带着伤口依然愿意全力奔跑；最好的天气不是永远都是艳阳天，而是尽管现在瓢泼大雨，太阳明天依旧会跳出地平线。

4

人生就是一条漫长的旅途，谁都会面临崎岖的小路，这条小路上也一定会布满荆棘，你要做的就是扫除障碍，在困难中崛起。纵使生活有一千个理由让你哭泣，你也要拿出一万个理由来笑对人生。

当生命为你关上一扇门，它一定会为你打开一扇窗。真正的强者一定会带着伤口奔跑，他们会耐心地寻找属于自己的那扇窗。伤口会让一个人变得更加勇敢，纵使自己的世界充满障碍，也一定会用尽全力扫平。

俞敏洪说："这一辈子有某些东西束缚着我们，不管是困难还是自己的社会地位，不管是道德还是法律，生命的抗争就是在束缚中跳出最美丽的舞蹈。"

这世上没有一马平川的生活，谁不是跌跌撞撞一路前行。哪怕在前行的路上摔得全身是血，但至少我们一直在路上，总好过做一个随波逐流的抱怨者，得过且过只会让自己的人生更加糟糕。

不管你的生活有多么不如意，遇到多少困难，你都要默默地坚持，千万不要懈怠，不要以为生命很长很久，你还有足够的时间去浪费。

时光易逝，我们要在有限的时间里让自己变得足够强大。

PART 2

与其讨好别人，
不如取悦自己

知命者不怨天，
知己者不怨人

1

生活中，由于每个人的脾气不同，阅历不同，人生遭遇也不尽相同。

每个人都会或多或少地有些抱怨。

但殊不知，抱怨是最无用也最无能的方式，它只是一种负能量，一种会慢慢放大的负能量，如果不能及时停止抱怨，那么它将会让你一步一步走向人生的歧途。

前几天，偶然在《淮南子》上看到一句话："知命者不怨天，知己者不怨人。"

我对这句话深有感触，这句话的意思是：能认识形势的人不埋怨天命，能认识自己的人不埋怨别人。

人这一生最可悲的就是认识不到自己的短处，看不到时代的变化，当事情的发展偏离自己的人生轨道时，怨天尤人，觉得整个世界都对不起自己。

只有认不清形势和自己的人才爱抱怨，这样的人不会有大出息。

抱怨就像毒瘾，一旦染上，就脱不了身。

有的人抱怨时运不济，抱怨上天不公；有的人抱怨爹妈没给自己长个好脸蛋，抱怨没有出生在一个好人家。他们成天牢骚不断，满腹愁肠，活得非常憋屈。

我们之所以对生活充满了抱怨，是因为我们认不清社会的形势，也不敢承认自己的不足。

那些真正强大的人都是走过荆棘的人，就算步履维艰，他们也一定会笑着面对。

因为他们清楚如果试着去改变，或许还有转机，但如果一直埋怨，那么就再也没有机会了。

2

表姐夫比我大一岁，八年前他是一名修车工，脸上整天充满油腻，原生家庭的穷让他明白了靠自己的重要性。

这世上每个人都想过啃老，但当父母一无所有时，我们除了绝望就只有绝地反击了。

在命运穷顶的压迫下，表姐夫选择了反击，不知道结果会怎样，他只知道用力地走下去，哪怕未来的路充满艰难险阻。

如果你没有穷过，你永远体会不到那种撕心裂肺的痛，当你娇惯地不想吃糖时，他们连舔一下糖纸的机会都没有。

结婚后，所有的家电都暂时赊账，找不到未来的方向也看不到希望。

闭上眼睛，黑暗像一只猛兽张牙舞爪地跑来，来不及躲避。

结婚两年后，他看到大理石装修比较赚钱，因此便想组建自己的装修队伍，但是那个时候手里一分钱也没有，周围的亲戚也帮不上忙。

一天晚上，表姐夫对表姐说："不行我们先贷款吧。"

表姐说："你确定有把握吗？如果有，我们就赌一把。"

表姐夫没有说话，而是陷入了沉思中，他知道如果失败了，自己以后的日子会更加难过，但如果不去做，那么连机会都没有。

最后，表姐夫选择了赌一把，那段时间他拼了，每天早出晚归，累到虚脱，好在那年行情比较不错，他们终于翻了身。

我问过他当时为什么要那么坚持，他说："既然命运不公，那就要想办法改变，虽然上天让我光了脚，但我也要穿上锃亮的皮鞋。"

一个人如果具备良好的品格、优良的习惯、坚强的意志，是绝对不会抱怨命运的，更不可能被它打败。

3

曾国藩说："人生有可为之事，也有不可为之事。可为之事，当尽力为之，此谓尽性；不可为之事，当尽心从之，此谓知命。"

不论是在生活中还是职场中，我们经常会遇到一类人，这类人完全以自己为中心，当出现问题时，他们要么很快把责任推给别人，要么就对别人充满抱怨。

一个真正成熟的人，一定会看到自己的短处，会为了自己的短处尽力做出改变，遇到问题会先从自己身上找原因。

两年前，报社有一位实习生，她虽然工作非常努力，但最后还是没有转正。

平心而论，这位实习生能力不错，但出现问题后，她喜欢把责任推给别人。

有一次同事带她出去采访，回来后让她撰写稿件，见报后出了一点问题，同事问她原因，她一脸抱怨说："早知道你写好了，我也不会成为大家的笑柄了。"

她说完后，同事哭笑不得，明明是自己犯了错误，还抱怨别人。

如果一个人不能从自己身上找原因，那么一定会被周围的人排斥，因为周围的人会发现，这样的人是自己生命里的一颗定时炸弹，很可能在某一个瞬间就会把自己炸得粉身碎骨。

哲学家厄尔·南丁格尔说："我们拥有的一切都是自己造成的，可是只有成功者才会这样承认。"

失败者只会把原因归结到别人身上。

4

罗曼·罗兰说过，有的人二三十岁就死了，他们在自己的影子中不断复制自己。

怨天尤人是一把锋利的刀，不仅会割伤自己，也会顺带伤害别人，与其顾影自怜，喋喋不休地抱怨，不如努力思考、寻求改变，这样才能发现生活中那些被自己忽略的美。

师兄王哥辞职创业，但一直没有成功，跟他合作的人都觉得他充满负能量。

他抱怨自己时运不济，抱怨别人都不行，唯独没有看到自身的不足。他完全活在自己虚构的精神世界里，创业三年最终一事无成。

一个人如果看不到自己的不足，内心整天充满抱怨，那么等待他的只有失败。

失败的原因并不是他能力不行，而是他的抱怨和无知，让他永远找不到事业的突破口，只能在浑浑噩噩中熬着自己的时间，瓦解掉自己的意志，并且把自己熬成了一个"时间的怨妇"。

有时候，与其怨天尤人，还不如好好想一想，我们为什么会变成现在这个样子，这一切是什么原因造成的。

真正聪明的人，一定能认清自己，不断调整方向，最终实现自己的价值。

聪明的人，
不做情绪的奴隶

1

有很多司机都有"路怒症"，甚至会因为一丁点儿不愉快就怒发冲冠。前车起步慢了，拼命按喇叭；别人变道不规矩，转向距离不够，开着车窗和人家对骂。

这说到底就是控制不了情绪。俗话说，冲动是魔鬼。研究证明，人在冲动下做的很多事情都是错误的，所作所为伤人伤己。

能管理好自己的情绪绝对是了不起的，他们遇到让自己生气的事情绝不会怒发冲冠，而是冷静地处理。

老话说得好："话要慢慢说，气要慢慢生。"人一旦控制不了情绪定会酿成大错。

不如意之事常有八九，聪明的人不会让自己的情绪脱缰难控，变成处处咬人的怪兽，他们会用爱和包容筑起铜墙铁壁，让心里的野兽能够偃旗息鼓，争端少了，笑容和快乐也就多了。

两年前，我认识一位叫乐乐的女孩，她就能很好地管理自己的情绪。有一次，我们一起出去买东西，乐乐看上了一件漂亮的衣服，大概因为价格的问题，她一直在犹豫。

这个时候，售货员有些不耐烦了："不过几百块钱，你愿意要就要，不要就算了。"她说完后，乐乐并没有说话，我刚想上去理论，乐乐拉起我就走。

2

我有些不解地问乐乐："为什么不上去理论，这人也太过分了吧，老虎不发威她以为我们是病猫啊？"乐乐看我气鼓鼓的样子，"扑哧"一声笑了，她说："犯不上跟这种人计较，拿别人的错误惩罚自己是最愚蠢的行为。"

看我还是有些生气，乐乐说："你就不要生气了，如果我们当时和她吵起来，只能证明我们素质和她一样，我们得不到丝毫的好处，这种得不偿失的事情，我可不干。"

等我冷静下来后，突然觉得乐乐说的有道理，很多时候我们喜欢拿别人的错误惩罚自己，这确实很愚蠢。

心理学家研究发现，人脑中最古老的边缘系统主管情绪，而最晚进化来的大脑皮层主管认知。任何事情发生后，边缘系统会第一时间产生情绪反应，如恐惧、愤怒、喜悦等，约六秒钟后，大脑皮层才能做出认知处理。

也就是说，每个人都会产生各种各样的情绪，但是聪明的人会更好地管理不良情绪，避免不必要的冲突。

遇到让自己烦闷的事，千万不要图一时口快，这样的做法只会让自己陷入更加被动的局面，学会冷静地思考，控制好坏情绪，你会发现一切没你想象的那么糟糕。

3

生活中，有的人会把坏情绪带到工作当中，这样的做法一定会受到惩罚。

好友小霞是一名售楼顾问，前段时间竟然被单位开除了，听到这个消息后，我大吃一惊，因为小霞不论资历还是工作能力都非常不错，就算单位裁员也应该轮不到她。

后来一起吃饭，我们聊起这个事情，小霞说："都是坏情绪坑了自己，早知道是这个结果，当时绝对不会把坏心情带到工作中。"

那天下午，小霞和老公因为家庭琐事吵架，满肚子怨气的小霞饭也没吃就去单位上班了。下午，正好有一对夫妻前来咨询楼盘。看到对方其貌不扬的样子，小霞一副爱搭不理的样子。

这对夫妻显然有些生气，男的说："我们来买房子，你这什么态度啊？"小霞先是一怔，然后说："你们问来问去的，估计也不是真心想买。"这时候那位男士火了，说道："谁说我不是真心想买，有你这样的置业顾问吗？"

此时的小霞正好一肚子怨气无处发泄，她就和这位顾客吵了起来，最后越来越严重，直到经理出面后，才得以调停，最后在经理的要求下，小霞跟顾客道了歉，顾客才走了。

事后，经理对小霞说："你一向对顾客很有礼貌，但这次很让我失望，我不知道什么原因让你这样，但我觉得你不适合这份工作了。"

经理没有给小霞半点解释的机会，而是直接炒了她的鱿鱼。

4

情绪易于波动、喜怒轻易形于色的人，与其说是坦率，不如说是缺乏内心历练。

有人说："你成不了心态的主人，必然会沦为情绪的奴隶。"洒脱不是因为抛得开自己的过去，而是因为看得清自己的未来，知道自己在做什么。

冲动的破坏力及带给我们的负面影响是不可想象的，每一次冲动都会带来无法释怀的结果与永远的伤害。

一个聪明的人，断然不会让坏情绪影响自己，也不会把坏情绪带到工作当中，因为他们知道这样做的后果有多严重。

"良言一句三冬暖，恶语伤人六月寒。"如果管理不好自己的情绪，任由自己逞口舌之快，把自己的怨气憋闷发泄到别人身上，肯定会造成严重的后果。

冲动的时候不做决定，惊喜的时候不下承诺。在职场上，在生活中，每一句话都仔细思考之后再说，每一个行为都仔细权衡后再做，我们就会减少很多失误、后悔，也更加值得别人信赖。

拜伦说："悲观的人虽生犹死，乐观的人永生不老。"没有人天生就懂得控制情绪。真正有智慧的人，会时刻留意不要让自己栽在坏情绪中。

在成长中，我们或多或少都会遇到一些让自己烦闷的事情，如果不学会控制自己的情绪，那么我们肯定会失去很多东西。

你的懂事，
只会让自己更可怜

1

朋友段晓梅最近很郁闷，她不明白相恋三年的男友为什么说分手就分手，对他们之间的感情没有丝毫留恋。

段晓梅说："你说这男人怎么会这么狠心，翻脸比翻书还快？"我问她最近是否和男友闹矛盾了，晓梅信誓旦旦地说："这个绝对没有。"

后来，晓梅跟我讲了她跟男友的日常相处，我说："活该你被他甩，因为你太懂事。"晓梅是那种爱情至上的女孩，和男友恋爱后，她觉得这就是一辈子了，所以她变得非常懂事。

下雨天，会坐公交车给男友送伞；男友生病了，她耐心地伺候；男友想给她买一件衣服，她心疼钱选了一件最便宜的。

即使两人因为一些不愉快吵架，她也会很快跟男友道歉，她以为自己的这些懂事能换来他们的长相厮守，没有想到却是分道扬镳。

其实，每个人都有自己的生活方式，我们没有必要用自己的懂事取悦别人。如果你一直想在别人眼里活得很优秀，那该多累啊。

2

懂事的女孩考虑事情周全，她想尽力地让大家都开心快乐，可是越想这么做，结果反而越糟糕。

其实，生活中我们根本没有必要太在意别人的态度，聪明的女孩会首先喜欢自己，修炼自己。

我们要认清自己，接纳自己，活出自我。因为在这个世界上无论你多努力，多成功，总会有人看不惯你，挑剔你，对你说三道四。与其活在别人的评价里，不如让自己活得轻松、自在。

太懂事的人，即使身边的人都夸赞你落落大方得体能干，但只有自己知道，心里藏了多少的心酸不敢说出口！正如网络上流行的一句话："你那么懂事，一定活得很辛苦吧。"

懂事，不是隐忍，不是将就，不是沉默，不是把所有喜怒哀乐都藏起来，不是只顾别人的感受，而委屈了自己。

真正的懂事，是找到自己内在的价值，对自己负责，遇见最好的自己。真正懂事的人，是靠自己的行动与实力去征服人心。而假的懂事才是纯粹为了讨好别人，这种刻意委屈的讨好，只会让自己低到尘埃里，让自己越发变得卑微。

3

有很多人非常在乎别人的态度，只要别人对自己有误解就去拼命解释，即使最后不是自己的错误也会选择道歉。其实，在人生中即使你做得再好，也不可能让所有人都满意，因为你的懂事不是为了取悦别人，只要自己快乐就行。

我曾经见过一段牢固的感情，最后分手了，而分手的原因就是女孩太懂事。

同事秦涛谈了一个女朋友，两人关系非常融洽，甚至到了谈婚论嫁的地步，但没想到最后却分手了。秦涛的女朋友很懂事。我们对懂事的简单定义，就是遇事常常为别人考虑，她们大多体贴温柔，身上有一种特有的善良。

由于两人刚参加工作不久，手里没有多少积蓄，这几年在父母的帮助下按揭买了一套小房子，每次发了工资，秦涛都想和女友出去吃一顿大餐，但女友每次都泼冷水："还是省省吧，需要钱的地方多着呢。"时间久了，秦涛心里非常压抑。

七夕情人节，秦涛给她买了一条金项链，他原本以为女友会很高兴，但没想到却遭到女友的奚落："干吗花钱买这个啊？多贵啊，跟你说了多少遍了，用钱的地方多，难道你就不能省省。"

女友说完那一刻，秦涛万念俱灰，他考虑了很长一段时间后，选择了和女友分手。他说："我知道她是好意，但是和她在一起，我感到非常压抑。"

真正懂事的女人，会把生活过得有滋有味，她们会注重生活的品质，不会因为生活有暂时的困难而一味地懂事，更不会为了取悦别人而违心地懂事。

你的懂事不是为了取悦别人，生活很难，你根本没有必要一直向大众展现出自己美好的一面。你唯一要做的就是对自己好，让自己快乐，找一个和你合拍的人共度余生。

远离一直把你当"好人"的人

1

去年，单位里来了一位叫娟子的姑娘，由于对新的工作环境不熟悉，因此她经常麻烦大家，刚开始大家非常热情地帮助她，但后来没想到让她养成了依赖我们的习惯。

娟子和我分属于不同的部门，她主要负责本部门的排版，而我则负责校对。有一天，我校对完之后有些眼花，便想休息一下，娟子看到后马上说："你现在闲着，去帮我打个大样吧。"虽然我心里很不情愿，但还是帮她去打了。

回来后，她又说："麻烦帮我倒杯水呗，今天简直忙死了。"当我把水帮她倒好后，她竟然让我再帮她把垃圾倒了。看到我一副不情愿的样子，娟子说："你就好人做到底嘛。"

我原本以为她那天确实很忙才会这么做，但没想到这是噩梦的开始。

后来，只要看到我闲着，她就会让我给她帮忙，我也不知道她为什么会那么忙，我这人比较热情，同事的请求一般不会拒绝，但总得有个度吧。

直到有一天，她让我帮忙的时候，我竟然看到她正在电脑上看衣服，我有些惊讶地说："你又不忙，怎么自己不去呢？"她看到我有些生气，笑着说："我今天肚子不舒服，你懂的。"

我当时想，我根本不懂。

后来，她再找我帮忙的时候，我学会了拒绝，她就到处说我是个不好相处的人，喜欢拿脸色给新同事看，总之对我一百个不满意。

2

这世上总有一些人非常喜欢麻烦别人，明明自己完全可以做到，但非得让别人完成，把你当成那个"好先生"，对于她的要求还不能拒绝，否则就是不好相处。

每个人都很忙，都在和时间赛跑，都想在人生的道路上实现自己的价值，他们根本没有时间浪费在你身上。

去年，我正在赶写一篇文稿，有位文友突然给我发来一篇稿子，我还没有反应过来，她说："麻烦你帮我看看这篇稿子吧，编辑着急要，但我实在看不出好坏。"接着发过来一个哭的表情。

我这人心比较软，便马上放下自己的工作帮她看稿，当我把修改意见给她时，她又说："你能不能帮我修改下？我现在在医院呢，麻烦了。"我修改好发给她后，她连一句"谢谢"都没有就下线了。

　　没想到过了几天，她又来了，还是让我帮忙。当我给出修改意见后，还是让我修改，说自己不方便。最后我委婉地拒绝了，她的头像很快变成了灰色。

　　后来，我从文友口中得知，她到处说我的坏话，说我耍大牌，根本求不动，让别的文友最好也别找我，否则会很难堪。

　　说真的，我的心里当时非常难过，明明是她自己的错为何非得怨我身上？

　　有一句话"帮你是情分，不帮你是本分"，我很赞同，别人对你偶尔的一次帮助已经完全可以了，你凭什么非得要人家次次帮，偶尔拒绝一次就受不了，这种人真是太过分。

3

　　把你当"好先生"的人其实是在利用你的善良，很多事情他们自己明明能做，但就是喜欢麻烦别人，他们宁愿自己闲着也不想让别人休息，这种人要趁早远离。

　　想起一个故事。

　　单位里发鸡蛋，甲不喜欢吃鸡蛋就把它送给了乙，由于甲一直这样做，所以他们相处得很愉快。后来，发鸡蛋的时候，乙正好不在，甲就把鸡蛋顺手了丙，乙知道后就说甲薄情。

　　这个故事的道理说得很清楚，在整个过程中，甲并没有做错什么，倒是乙忘记了这鸡蛋本身就是甲的，人家爱给谁就给谁，他凭啥管？

有些人就是这样，你帮他一次，他会无数次麻烦你；你给他一点好处，他就会不停地找你要好处，这样的人你不觉得恐怖吗？

人与人相处得有一个度，我们并没有那么熟，因此不可能一直为你服务，这世上没有一个人会为你二十四小时亮着灯，包括你的父母。

把你当"好先生"的人就是把你当成了他的免费劳动力，让你为他打工但却不给报酬，试问天底下哪有这样的好事。

4

岁月匆匆，每个人都为生活而战，努力地经营属于自己的岁月静好，不舍得浪费半点时间，他们偶尔的休息时间并不是为了当你的"好先生"。

文学大家朱自清在《匆匆》里说："我不知道他们给了我多少日子；但我的手确乎是渐渐空虚了。在默默里算着，八千多日子已经从我手中溜去；像针尖上一滴水滴在大海里，我的日子滴在时间的流里，没有声音，也没有影子。我不禁头涔涔而泪潸潸了。"

没有人舍得浪费自己的时间，因为他们知道现在浪费时间就等于荒废自己的未来，更没有人想做"好先生"，因为这种得不偿失的事情不会给自己带来半点好处。

聪明的人会远离一直把自己当"好先生"的人，他们深深地明白，一味的心软只会让他们吞噬自己的未来。

跟时间赛跑，远离把你当"好先生"的人，这并不是一句毫无道理的废话。如果你想尊重别人，那么请不要把对方当成你的"好先生"。

对你好的人，
不会一直索要回报

1

网上看过一段话，深以为然："真正对你好的人，没有时间去思考对你好有什么用，会获得什么回报，他们只会傻傻地对你好，一点也不复杂，你开心，对方就会快乐，就这么简单，你也永远不会知道对方有多么爱你。"

去年，我和好友杨涛去一家小餐馆吃面，我们的隔壁正好有一对小情侣，两人看上去也就二十多岁，本来好好的，但没想到俩人最后吵了起来。

男孩说："我对你这么好，为什么你就不明白我的心意呢？一直都是你要求我，我只是让你帮我做点事，你就这样，真是受够了。"

女孩毫不客气地说："你嫌不够丢人是吧，再说我又没有逼你做事情，既然你想做那就别抱怨，真是的。"女孩说完后，拂袖而去，剩下男孩一个人傻傻地坐在那里。

朋友杨涛走过去对男孩说："怎么，闹矛盾了？"男孩有些无奈地说："真不明白现在的女孩心里想什么，纵使我千般万般对她好，但只要让她为我做点事情，就会吵架。"

杨涛说："爱情里哪有公平啊，既然你愿意为对方付出，说明你爱她，那么又何必索要回报呢？如果你一直这样，对方会怀疑你别有目的。"

听完杨涛的话，男孩若有所思地点了点头，追了出去。

爱情中，我们经常会犯一个错误，以为只要自己付出了多少，对方就要回报多少，这根本不叫爱情。真正的爱情，是你愿意为某个人毫无保留地付出，因为深爱着对方，所有的一切都不是问题。

2

对一个人好是没有界限的，因为爱他，所有不符合常理的事情都会变得很自然，爱一个人不一定非得拥有对方，即使最后形同陌路，也一定要保持好自己最完美的姿态。

大学同学苏飞和男友恋爱三年最后分手了。在这三年里，男友把苏飞当成生命里的宝，但最终也没有获得和她一起白头偕老的资格。

我们说苏飞身在福中不知福，但苏飞说："爱情是很纯粹的事情，既然不爱了，那么就没有必要纠缠下去，这对双方来说都是一种痛苦。"

有时候，我会为苏飞的男友鸣不平，这个男人为苏飞付出了那么多，最后却是这样一个结果，但没想到他们分手后，他从来没有抱怨过自己的付出，朋友圈里更新的消息也是祝福，希望那个自己曾经爱的人一路走好。

也许这就是爱情的极致，不计回报，如果不爱了，那么就得体地退出。两人曾经有一段美好的时光就够了，既然不能白头偕老，真不如笑着祝福对方。

对那些离开自己的人死缠烂打，是一种绝望的痛苦，得体地退出是一种从容的优雅。在一起的时候，只要用力爱过，对他足够好，那么就够了，因为对方是你爱的人，所以他更需要你的祝福。

真正爱你的人，是绝对不会向你索要回报的，他只希望你能过得更好。

3

作家张爱玲从来没有对爱人有过索取，只是在爱着对方的时候无私地付出，甚至分手后依然如此，这份爱情她爱得纯粹。

张爱玲与胡兰成，一个是当时上海最负盛名的女作家，一个是汪伪政府的要员。在乱世之中，他们的相识、相知、相恋，及至最后的分手，都让人感到唏嘘。

1943年，张爱玲在上海结识了当时汪伪政府文化部的官员胡兰成。这一年，胡兰成三十八岁，张爱玲二十四岁。但很快，他们恋爱了。

　　1944年8月，胡兰成的第二任妻子提出与他离婚，而后他和张爱玲结为夫妻。没有法律程序，只是一纸婚书为凭。婚礼只有张爱玲的好友炎樱为证。"胡兰成与张爱玲签订终身，结为夫妇。愿使岁月静好，现世安稳。"前两句是胡兰成所撰，后两句出自张爱玲之手。就这样，他们成了夫妻。

　　1944年11月，胡兰成到湖北接编《大楚报》，开始了与张爱玲的长期分离。1947年6月10日，胡兰成收到张爱玲的诀别信："我已经不喜欢你了。"随信还附加了三十万元钱，那是张爱玲新写的《不了情》《太太万岁》的稿费。

　　在这段感情中，张爱玲从未向胡兰成索要过任何东西，她就是这样一个人，只要爱了就会用力去爱，不爱了就会得体地离开，从来不会问对方索要任何东西。

　　因为爱你，所以你所有的一切在我眼里都是完美的，我又怎么忍心让你难过；因为不爱你，我不会在你的世界里继续逗留，总有一段时光，我要一个人走。

4

　　因为喜欢你，所以才会无条件对你好，从来不会要求任何回报；因为喜欢你，所以才愿意听你的话，因为你比任何人都重要；因为喜欢你，你的离开我不会生气，我只想知道没有我的日子你过得好不好。

一个真正爱你的人，绝对不会想尽一切办法得到你，也不会满口谎言地骗你，只会纯粹地对你好，用心地帮你，只要你快乐，他就感觉到快乐。

世界上最遥远的距离，不是人与人相隔千万里，而是对方与你近在咫尺，却一直对你索要回报，让你对爱情失去希望。

爱的人离开自己，这真的没有什么，正如你不爱的人，终究也会离开，但是在这段爱情里如果你一直向对方索要，要他对你好，那么这份爱情就失去了原本的意义。

爱情的美丽在于不确定性，我羡慕那些分手后还能做朋友的人，羡慕他们曾经深爱过，从来没有考虑自己付出多少，只是纯粹地爱着，即使最后分手依然能笑着祝福对方。

爱一个人有时候很难，在爱情里不求回报更难，但这才是一个人爱你最真实的表现。

令自己烦闷的工作，
趁早拒绝

1

俗话说，工作兴趣很重要，如果一份工作只会让自己烦闷，那么确实没有坚持下去的意义。很多时候，我们迫于生计，做着自己不喜欢的工作，想拒绝却没有勇气，继续做却又不甘心。

我们会经常陷入深深的矛盾中，无法自拔。

越来越多的人感慨："理想很丰满，现实很骨感。"当我们年少的时候，会憧憬未来，等到真正走进职场，若干年后发现，自己始终没有缘分做喜欢的事情。由此，我不禁要问：这到底是为什么，现实为何这么残酷？

朋友小夏有一段时间非常痛苦，他做着一份食之无味弃之可惜的鸡肋工作。他跟我说："我特别想辞职，但是家里人不同意，一方面因为这份工作薪水高，另一方面家人希望我能尽快稳定下来，然后成家立业。"

小夏问我怎么办，我说："这个没有人能够帮你，但如果我是你，绝对不会把自己的一生寄托在一份没有丝毫兴趣的工作上。"

让自己烦闷的东西，肯定不会给自己带来快乐，既然毫无快乐可言，那么我找不到继续下去的意义。

后来，我知道小夏在父母的反对中辞职了，为此父母险些和他断绝关系。但小夏铁了心要做一份自己喜欢的事业，辞职后的他选择了创业。由于小夏对新媒体比较感兴趣，于是便注册了文化公司。

刚开始，这条路步履维艰，没有资金，没有人脉，更没有方向，但小夏一直摸索着前行，他不停地向同行请教，看书学习，一次次地努力寻求改变。

2

如今，小夏的公司已经做得非常不错了，盈利是以前工作时工资的三倍，父母脸上也露出了微笑。小夏对我说："还是你说得对，如果我自己不想去改变，那么只能承受工作带来的烦闷，找不到未来的出路。"

如果一份工作让一个人烦闷，那么他注定做不好这份工作，与其浑浑噩噩地混日子，不如果断地拒绝，给自己找寻新的价值。

其实，很多人无法说服自己，他们依然干着自己不喜欢的工作，为一些工作和家庭琐碎的事情而烦闷。如果工作单纯是为了养家糊口，那么就失去了其本质的意义。

如果你不喜欢这份工作，那么在你看来，工作的大多数内容都是重复的，你找不到工作的乐趣，会让郁闷的自己背负更多的压力，心理负担也会越来越大，工作自然做不好。

对工作不满意，你完全可以果断拒绝，但前提是你要具备拒绝的能力，离开这份让你烦闷的工作你会活得更好，而不是让自己的人生更加糟糕。每一份工作都存在委屈，是为了生活而隐忍下来，还是果断拒绝，都看你自己。

3

一个人只有具备了极强的工作能力，才能有果断拒绝的勇气。

我们每天都在为自己找寻活着的乐趣。纵使步履维艰也一直坚持，我们深深地懂得：一个人只有快乐了，那么他的世界才能快乐。

我们不可能在工作中混不下去就选择直接去死，明天睡醒，还是要去面对烦琐的工作和复杂的环境。况且人非天生会工作，都是在后天兜兜转转、跌跌撞撞中进步的。

确实，在人生中找到一份让自己开心的工作确实不容易，但这并不代表我停下了追逐的脚步，不狠狠地逼自己一把，又怎么会知道自己有多优秀。

在职场中，同事从来不会像朋友一样对我们宽容眷顾，领导更不会像长辈那样悉心说解。遇见的所有困难，都要靠自己去摸索，然后解决掉。如果这份工作再让你感到痛苦，真不如早一点拒绝，至少这样你还能得到短暂的快乐。

令自己烦闷的工作，一定要趁早拒绝，因为它给你的人生带不来丝毫的意义，只会让你更加消极，更加痛苦。

忙起来，
别让忧郁淹没了你

1

我们常常有这样的体会，会在某一个时间段莫名忧郁，甚至对生活没有丝毫留恋，内心充满孤独，心神不宁，想努力去改变，却发现一切都是徒劳。

有位作家说："忙是治疗一切神经病的良药。"我们之所以会忧郁，难不成真是因为太闲了？

朋友露露和男友凯谈了三年恋爱，男朋友在上海一家公司任职。前段时间，他被派到济南一家分公司工作半年，刚分开的时候，露露非常兴奋，她经常约朋友一起玩，还对我说："我又恢复'单身'生活了，快祝福我吧。"

然而好景不长，这种日子仅仅持续了两个月，露露便变得非常忧郁，跟朋友约好一起看电影，但朋友却临时有事推托了，露露觉得朋友们似乎都很忙，忙到没有时间理会自己。

毫无办法的她只好一个人待在家里。那段时间，她对生活没有丝毫兴趣，每天除了吃饭就是睡觉，心里烦躁不安，想出去走走却又觉得无聊，经常一个人在家里发呆。

露露问我该怎么办，我说："你就是太闲了，最好让自己忙碌起来，人一旦忙起来就会忘掉很多事情，你就不会胡思乱想，也不会感到空虚，忙起来才能体会到生活的幸福。"

忙碌的时候我们渴望能闲下来，但是真正闲下来却又容易让忧郁侵袭大脑，把我们的快乐带走，然后摧毁我们的意志，最后让自己陷入痛苦之中。

2

心理学家说："不论一个人多聪明，他都不可能在同一时间想一件以上的事情。"我们绝对不可能激动地想去做一些令人兴奋的事情，而同时又因为忧郁而停止不前。

一个很闲的人注定会被忧郁缠身，时间久了，他甚至找不到生活下去的动力。

前段时间，因为家庭原因，我盘下了一家超市。经过一段时间的忙碌后，超市很快走向了正轨，我的时间慢慢变得多了。有时候，我就想，这么努力地拼搏到底为了什么，时间一长惰性越来越大，后来我干脆不想去努力了。

这种忧郁让我非常害怕，如果不能及时地改变，那么自己有可能会成为一个有"神经病"的人。后来我开始利用闲暇时间来写稿，突然发现这种症状莫名其妙地消失了。

其实，并不是没有了，而是我没有时间去考虑了，每次送货回来迫不及待地打开电脑，开始写自己构思了一天的素材，那种感觉简直棒极了。

忙碌的人没有时间去琢磨别的事情，也不会一直怨天尤人、生无可恋，我们会在忙碌中找到自己的价值，让每一天都过得很充实。

虽然有时候，我们会感到非常劳累，但是我们的内心却很愉悦，因为这一切都是自己想要的，对未来的生活也充满了向往。

3

朋友小可最近有些患得患失，原因是她觉得相恋多年的男友对自己关心不够，她怀疑男友没有以前那么爱她了。她找我诉苦："你说他是不是不爱我了？"当我问她原因时，她又说不出，只是信誓旦旦地说："女人的第六感很准的。"

我当时并没有理她，觉得她肯定是太闲了。那段时间，男朋友公司里很忙，他经常加班，下班后累得都不想打电话，对小可打过来的电话也是有一句没一句地回答，有时候甚至会在两人的通话中睡去。

小可说："男人变心首先会在态度上忽略对方。"我问她从哪里看的，小可说："这你别管，反正我有数。"我笑着说："你就是太闲了，等你忙起来就不会有这种感觉了。"

后来，小可找了一份很忙碌的工作。有一次，我问她最近和男朋友关系怎么样。她笑着说："还行吧，主要我根本没有时间去想这些。"我说："你总算知道让自己忙碌起来的感觉了。"

有时候，闲确实不是一件好事，它会让我们胡思乱想，会把一件不好的事情无限放大，这样不仅不会让自己舒服，还会徒增更多痛苦。

忙起来的人，没有时间关心对方做什么，因为眼前的工作就是她的全部，她会想尽一切办法把这份工作做好。

如果一个人觉得生活不如意，时常陷入忧郁中，那么她多半太闲了，努力让自己忙起来，一切会迎刃而解。

4

英国前首相丘吉尔每天差不多要工作十八个小时，当别人问他："你责任那么大，难道不会感到忧郁吗?"丘吉尔笑着说："我太忙了，根本没有时间去忧郁。"

很闲的人永远不会了解忙碌的人为什么没有痛苦，就像忙碌的人永远不会了解为什么他们总是患得患失。

忙起来，才能让一个人找到自身的价值，才没有空闲时间去为没必要的事情劳神费力。人的精力是有限的，如果你用来想有用的事，那么就不再有精力去想没用的事了，更不会没事找事。

美国作家雷蒙德·卡佛说："我还是相信工作的价值：越辛苦越好。不工作的人有太多的时间来沉溺于自己和自己的烦恼之中。"

忙是治疗一切神经病的良药，忙碌的人没有时间伤感。很多的痛、很多的胡思乱想都是闲出来的；让身体和脑袋动起来，专注一事，你一定会轻松畅快很多。

萧伯纳说："让人愁苦的秘诀就是，有空闲时间来想想自己到底快不快乐。"所以让自己忙起来，你的血液就会开始循环，你的思想就会开始变得敏锐。

愿你做一个忙碌的人，因为让自己一直忙着，是这世界上最便宜的一种药，也恰恰是最好的一种。

承认别人优秀，
你才能真正优秀

1

得知我出了一本书，有位朋友想跟我学习写作，本不想答应，一来我的写作水平并不高，二来会占据我大量的时间，但后来经不住她的软磨硬泡还是答应了。

有一次，我让她看一位写手的文章，让她找找差距。原本以为她会认真寻找，但没想到她看也不看。我问她原因，她说："这名写手写得太烂了，真不明白她的文章是怎么被编辑选用的，还不如我写得好。"

她说完后，我有些不知所措，我说："你难道没有发现差距吗?"她很认真地说："发现了，那就是比我写得差。"真不明白是谁给她的自信，她的文章我看过，除了语言叙述上稍微有点优势，其余的根本不行。

我跟她说："你还是别跟我学了，因为我根本教不了你。"听了我的话，她不屑一顾地走了。

一个人如果看不到别人的优秀，一直在自己的小世界里狂妄自大，那么她未来的道路也不会走得很顺畅。

2

我也曾经犯过这个错误，大学毕业后我和另外一名实习生小凯去报社实习，那个时候我根本瞧不上他，一方面我的大学比他的好，另一方面当时我认为自己采写新闻的能力比他强。

在我的眼里，小凯根本不配和我竞争，后来的结果却让我大跌眼镜。实习结束后，小凯的实习成绩竟比我的实习成绩高很多。

不得不承认，在经过了锻炼后，小凯写的新闻比我强很多，只是我不明白为何会有这样的结果。后来我才知道，小凯看到我比他优秀后，内心暗暗肯定我的能力，并且努力地追赶我，而我还一直高枕无忧，在自己的小世界里沾沾自喜。

不可否认，每个人天生都有妒忌心，害怕别人比自己做得好，当出现这个结果后，想到的是逃避而不是认真地面对，眼里容不得别人的优秀，在自我安慰中渐渐地迷失了自己。

那些真正优秀的人，都能在最短的时间内发现别人的长处，然后取长补短，让自己越来越完美。那些狂妄自大和自卑的人则特别喜欢别人的吹捧，觉得自己真的已经达到事业的巅峰了。

3

　　看不到别人的优秀，我认为是大多数人失败的原因，而根治的最好办法就是静下心来发现别人的长处，从内心里肯定别人，让他变成你的良师益友，只有这样你才会越走越远。

　　如果你看不到别人的优秀，那么你自己也不可能变优秀，当你被自以为的优秀蒙蔽双眼时，你的人生也不会有丝毫意义。

　　承认别人比你优秀可能很难，因为这代表着你要跳出自己精神枷锁的束缚。可是没关系，一点点的改变总比原地踏步强。只要你脚踏实地，找到自己的方向，并为之奋斗努力，能够看到别人的长处，你就会变得越来越棒。

越是自信的人，
越不会受限于别人的看法

1

看过一则寓言故事：

从前，有一位画家想画出一幅人人见了都喜欢的画。画毕，他拿到市场上去展出。画旁放了一支笔，并附上说明：每一位观赏者，如果认为此画有欠佳之笔，均可在画上做上记号。

晚上，画家取回了画，发现整个画面都涂满了记号——没有一笔一画不被指责。画家十分不快，对这次尝试深感失望。

画家决定换一种方法试试。他又画了一张同样的画拿到市场展出。而这一次，他要每位观赏者将其最为欣赏的妙笔都标上记号。

当画家再取回画时，发现画面又被涂遍了记号——所有被指责的笔画，如今却都换上赞美的标记。

这个故事说明了一个道理，一个人无论怎样努力都不可能得到所有人的认可，如果越想获得别人的认可，那么越会让自己陷入痛苦之中。真正自信的人，是绝对不会受限于别人的看法的，因为他知道自己要走什么路。

艾莉诺·罗斯福说过："未经你的同意，没有人能使你感觉卑微。"这句话的意思是，你才是自己真正的主人，而不是别人。

　　自卑的人，往往都很在意别人的看法，因为内心缺乏底气，所以他们特别想获得别人的认可，殊不知每个人都有自己的认知方式，对是非优劣都有自己的一套判断标准，一味追求让别人认可和喜欢，只会让自己无所适从，陷入严重的自我怀疑中。

2

　　两年前，我开始写作，那个时候自己从来没有发表过作品。当我决定写作时，朋友L劝我别冒险。他跟我说，写作是这个世界上最卑微的劳动，通过写作赚钱养家那更是不现实的。

　　我坚持了一段时间后发现确实如L所说，一篇文章浪费了自己大量的精力，到最后还是夭折了。我开始怀疑自己，后悔自己当初没有听他的建议。当得知我的情况后，L说："让你不听劝，现在认栽了吧。"

　　经过慎重考虑后，我还是选择了继续坚持，这时L说："你真是不撞南墙不回头，等你碰得头破血流就知道自己有多傻了。"

　　我之所以选择坚持，一方面是对自己的文字有信心，另一方面想让自己获得突破。幸运的是，我成功了，在短短的两年里，我的文章不仅上遍全国各大杂志，而且我也成了很多公众号的签约作者。如果当时我听信L的话，那么断然不会取得这些成就。

　　莎士比亚说："一千个人中有一千个哈姆雷特。"同理，你在一千个人眼中的样子是完全不一样的。

很多时候，我们非常在乎别人的看法，所有的事情都渴求完美，但到头来却发现自己无论怎样去适应，都无法做到完美，让人人都满意。

真正自信的人，不会受别人的影响，不论别人如何评价自己，他们都会坚持做自己想做的事情，不给自己的人生留下悔意。

3

以前看过一个故事：

有位女孩非常喜欢唱歌，她每天都在房前的空地上练习。邻居冷笑着说："你即使练破了嗓子，也不会有人为你喝彩，因为你的声音实在太难听了。"

这位女孩听了并没有自卑或者生气，她回答："我知道，你所说的这番话，其他人也对我说过很多次，但我不在乎，我是为自己而活，不需要活在别人的认可里。我只知道我在唱歌的时候我整个人都充满自信，所以无论你们怎么指责我的声音难听，都不会动摇我继续唱下去的决心。"

后来，凭借这种不在乎别人看法的心态，这位女孩成了一名伟大的歌唱家。

现实生活中，我们很难做到不在乎别人的看法，别人无意间的一句话可能会让我们闷闷不乐，甚至开始怀疑人生，这其实是非常错误的。

歌德曾经说过："每个人都应该坚持走为自己开辟的道路，不被流言吓倒，不被他人的观点牵制。"真正自信的人，不会让人人都对自己满意，因为他们知道这根本不切实际。

电影《阿甘正传》里有一句经典对白，当别人问阿甘："你以后想成为什么样的人？"

阿甘回答："什么意思，难道我以后就不能成为我自己了吗？"

是的，因为我们太在乎别人的看法，越来越做不好自己了，而那些强大自信的人，从来不会被别人的意见牵制，他们只想做最好的自己。

4

为什么越是自卑的人越会在意别人的看法呢？

一方面是因为他们能力确实不行或者自己存在缺陷，特别想获得外部的认同。比如一个写文章从未发表的人，突然发表了一篇，那么他就会觉得自己获得了全世界的认可。

另一方面是主观心理因素的不自信，他们无法正视自己的缺陷，只会抱怨命运的不公平，他们一直活在别人的世界里，会因为别人的情绪而影响自己的喜怒哀乐。事实上，这都是错误的，太在意别人的看法会让自己更加自卑。

人越是自卑，就越会在意别人的看法，越是在乎人的看法，就会更加忽略自己的感受，自己仿佛木偶一样拼命活给别人看，最后将真实的自我囚禁在了深深的黑暗里，让自己更加自卑。

阿兰·德波顿说："人类对自身价值的判断有一种与生俱来的不确定性，我们对自己的认识很大程度上取决于他人对我们的看法。"

但那些真正强大自信的人，根本没有时间去在意别人的看法，他们能够真正认识自己，知道自己是个什么样的人，无论怎样，他们都会为了自己心中的梦想而去努力奋斗。

我们只有让自己变得足够自信，才不会在意别人的评价。不受外界的影响，我们才能真正感受到自己内在的美好。

你的生活态度，
决定了你的幸福指数

1

知乎上有很多关于幸福的讨论，有很多人说幸福就是衣食无忧，平安地过完一生，有位网友说："幸福与很多事情无关，它只藏在一个人的生活态度里。"

如果你心态不好，纵使桌上摆的是山珍海味，你也不会有丝毫胃口；如果心态好，简单的粗茶淡饭一样也会吃出快乐。

很多时候，我们忽略了生活，天真地以为生活的质量是需要用钱来衡量的，所以我们拼命地赚钱，从来不顾自己身体的抗议，等躺在病床上的那一刻，才知道自己这一生都碌碌无为，从来没有体会到生活的快乐。

生活在时光的飞逝中与我们失之交臂，我们心不在焉地错过，找不到快乐的源泉。

顾城说："那些花儿，真的远了！却也有人能将花的馥香留在记忆里一辈子。"生活反复而冗长，这份生动与灵气全靠内心的滋养。

对生活随性，其实就是拥抱幸福，不必按部就班地走，在合适的时机，给自己一个惊喜，这未尝不是一件好事。

如果你用心地生活，生活又怎么会亏待你呢？这世界上有许多人活得非常痛苦，他们不是没有能力活得更好，而是关闭了迎接生活的心门，人生的脆弱，让他们失去了对美好生活的向往。

2

两年前，楼上搬来一对夫妻，从着装上看，他们似乎没有多富裕，衣着朴素干净，但他们的脸上却时刻绽放着笑容。

后来，一次偶然的机会，我知道了这对夫妻的故事。几年前，丈夫开了一家制衣公司，他每天把大量的时间花在处理公司的事务上，由于经常熬夜忙碌，所以他的身体越来越差。

去医院做检查后，医生劝他多注意休息，但是他根本不听，一直觉得自己的身体根本没有问题，直到有一次，他突然晕倒。要不是及时送到医院，恐怕他就永远地离开了这个世界，为了治病，他们把公司卖掉了。

经过这次教训后，他开始非常关注自己的身体，他笑着跟我说："人应该学会知足，要懂得疼爱自己，否则即使赚再多的钱也不会感觉到幸福。"

其实，生活里有太多的细节充满幸福，只是我们从来不去发现，甚至觉得只有钱才会给我们带来足够的幸福。

一个人对生活的态度决定了他的幸福指数，我一直觉得幸福并不是做给别人看的，而是自己内心中最单纯的选择。

3

幸福与否，并不取决于外在东西的多少，而取决于一个人的生活态度。生活态度是一个人人生修为的最佳体现。

亚里士多德说："幸福就是自足，幸福的自足就是无求于外物，而自满自足。"

其实，生活就是照镜子，你戴着灰色眼镜去看，生活就是灰蒙蒙的；如果你戴着彩色眼镜去看，生活就是五彩斑斓的。一切现状并没有任何改变，但整个状态就是不一样了。

在生活面前，每个人都应该有自己的态度，这与别人没半点关系。

如果你为了幸福努力，那么我想幸福绝对不会亏待你，或许经历的这个过程会充满痛苦，但我相信总会有花开的时候。

很多人并不是发现不了幸福的存在，而是一直身在福中不知福。

衡量一个人幸福的标准从来不是钱的多少，而是对生活的满足与否，心态好的人即使面对很大的困难也依然会笑着。

幸福有时候很简单，它完完全全地体现在你的生活当中，你可以在周末喝一杯咖啡，去电影院看场电影或者给自己做一顿可口的饭菜，只要你的态度认真，那么我觉得你的人生就会幸福。

4

朋友苏北一个人在上海打拼，如今还住在出租房内，生活也非常拮据，可她的生活并没有因为没太多钱，而过得很寒酸。

她为了节约钱，坚持自己做饭，长期保持一荤一素，她说："书上说荤素搭配才有营养，我可不能因为没钱而随便糊弄，这样对身体不好。"

她变着花样给自己做美食，每天的菜品几乎都不重样，虽然只是一些小小的变化，但你会惊讶于一个姑娘在经济水平有限的情况下，能把生活过得如此精致。

有一次她跟我说，自己终于攒钱买了一个烤箱，这样晚上的时候，就可以给自己烤面包、做牛轧糖，还有一些小点心，把它们当作早餐，营养丰富也干净卫生。因为节约了很大一部分成本，她吃得特别开心。

其实，生活对每个人都是公平的，当生活的磨难来临时，每个人对生活的态度决定了他以后的幸福水准。

会生活的人会让生活变得温馨，不会生活的人会让生活充满悲伤。

在人生的道路上，每个人都会面临不同的困难，总会遇到一些让自己暂时解决不掉的麻烦，其实，这些就是生活对你的考验。面对生活的不如意，你可以气急败坏地抱怨，但这根本解决不了任何问题。

很多人抱怨自己在生活中找不到幸福，却不知幸福就存在于我们的日常生活中，晚上睡觉前对爱人说的晚安，分别时的拥抱，餐桌前的交流，安静地看一会儿书这都是生活中的幸福。

5

一个人的生活态度决定了自己的幸福指数。

常常抱怨生活的人，他们真的过得不好。一个人过得好不好与生活的磨难没有多大关系，而跟对生活的态度有很大关系。

我一直觉得在生活面前有一个好心情，对生活充满积极乐观的态度，那么这个人就是幸福的，他也就成了生活的主人。

在人生的道路上，也许你阻止不了生活的磨难，但你完全可以改变对生活的态度，因为这是你幸福下去的唯一筹码。

PART 3

与其急着脱单，
不如努力脱贫

单身，
是你最好的增值期

1

在知乎上有一个对女人的提问：如果你单身的日子还剩下两年，你会做什么？答案可谓是五花八门，有人说享受自己最后的单身时光，美一次容，做一次SPA；也有人说出去旅游，趁着单身，要看遍全世界的美好风景。

二十几岁了，单身好几年没找到合适的对象，被催婚成了家常便饭，工作也做得一塌糊涂。当别人以一副"我都是为你好"的口吻催你赶紧找对象时，你是否感到心力交瘁？谁不想赶紧遇见合适的人过温暖甜蜜的生活呢？

这年头，找个凑合的人过一辈子简单，然而要找到合适的太难了。我们总是在大家"善意"的催促中自怨自艾，许多女孩承受不了压力只好妥协。

单身时光真的很珍贵，利用单身的最后时光，努力地让自己增值，这才是最明智的选择。

2

单身的时候，你可以做的就是不断丰富自己的羽翼，当你做好那个最棒的自己，无论爱情和事业都会悄然而至，这份幸福是你为自己争取的。

单身并不是件悲伤的事情，聪明的女孩不会因为单身直接或间接地给自己带来很多负面情绪，她们不会觉得自己孤独寂寞，心无所依，因为她们有很多事情要做。让自己增值，最好的时期就是单身的时候。

朋友小雅今年二十九岁，毕业后在深圳工作了六年，一直单身。在这期间，她坚持锻炼，工作之余还经常给自己充电。爱时尚也爱漂亮，一个人走了很多地方，给了自己一个很圆满的交代。

去年8月，小雅顺利拿到了美国一所大学的offer，人生仿佛在一瞬间开了挂。

当我对她的勇气与果断大加赞赏时，小雅说："曾经我很自卑，因为我是一名专科生，一边工作一边自考本科。考取本科文凭后顺利地获得了学位证，然后申请读研，一路披荆斩棘……"

当她给我发来她健身的照片时，我一下就喜欢上了这个姑娘。谁说单身就一定要和寂寞沾边？单身恰恰是一个人最好的升值期。

3

单身，可以让一个人变得更加独立，有更多的时间去思考和学习，学会享受寂寞。我承认自己也曾羡慕别人的花前月下，也曾想过尽快找到自己的另一半，但是在等待的过程中，我首先要学会改变自己。

如果在自己的单身期吊儿郎当，抽烟喝酒，整天买醉，那么等待你的不可能是一份完美的婚姻，你在单身时期放逐了自己，那么就别怪别人在婚姻里放弃你。

现在的你或许失了恋、单了身，还在对那段伤心的旧情耿耿于怀，但请收起你的眼泪和失落，努力做好自己。作家杨熹文说："生命是一场公平的赛程，在时光轴的这一端你潜心修行，那一端就一定会有更好的人在等着你。"

4

如果你经历了刻骨铭心的爱情，刚开始的单身期确实会让你不适应。那个曾经宠你的人再也不会和你说话，你会觉得不习惯，觉得心中有股落寞像颜料般晕染开来，渐渐侵蚀了整个胸腔，让你闷得透不过气来。

单身不仅会让你成长，还会给你的人生带来蜕变。它会让你慢慢走向成熟，不再是昨天那个受到委屈就只会哭鼻子的女孩。

单身是一种生活状态，单身也可以过得很幸福。

你可以随意支配自己的生活，每年都来一场说走就走的旅行；把原来上网打游戏的时间放在读书上，在一次次思想的碰撞中提高自己的涵养；你可以拿出更多的时间陪伴家人，与朋友叙旧；你可以自由自在地做自己喜欢做的事，身体和灵魂总要有一个在路上。

如果你对生活的抱怨太多，想想杨绛说过的一句话："你的问题在于读书不多而想得太多。"

单身这么久是为了遇到更好的人，但是前提是你得让自己变得更好，否则，即使遇到了也只能擦肩而过。

不结婚没关系，
但你要活得滋润

1

同事小苏早上神秘兮兮地跟我说："你知道刘姐吗？她现在过得一点不幸福，嘱咐我千万不要早结婚。"

说起这个刘姐，我有印象，我刚来报社时，她是一个部室的内勤，每天负责打扫卫生、给主任端茶倒水，我一直觉得刘姐不喜欢伺候别人，因为她每次做这些工作时都面无表情。

后来，混熟了以后，刘姐说："谁会在这里工作一辈子啊？"刘姐性格很好，对我们也是知无不言，她觉得女孩子没必要那么努力，因为迟早都要嫁人。

刘姐一直应付工作，不过好在她命好，竟然真的找到了一个不错的男人，很快匆匆嫁人了，那段时间姑娘们内心很是动摇，工作做得心不在焉，把刘姐竖立成自己的人生榜样。

然而好景不长，刘姐的婚姻最终走向了失败，但她咬着牙没有离婚。后来我见过刘姐，蓬乱的头发梳在脑后，宛如一个大妈，与以前判若两人。

刘姐看到我后说："你们男人没有一个好东西，早知道会这样，我绝对不会这么轻易嫁人。"我笑着说："刘姐，你确定变成这样是因为婚姻吗?"刘姐不容置疑地看着我，当时我并没有跟她争论，因为我知道争论不会有丝毫结果，还会伤害我们之间的感情。

一个期待在婚姻里获得救赎的女人是可悲的，一个把自己的不幸归结到婚姻上的女人是不幸的，换句话说，女人的不幸福与婚姻没有必然关系。

2

我并不是鼓吹一定要做一个必婚族，其实一个人结不结婚真的没有关系，但无论怎样都要让自己活得滋润，只有这样才能体味到生活的幸福。

要让自己活得滋润，你必须具备这个能力，没有人规定爱情幸福的标准，也没有人会对你的一生做出一些客观的要求，但你总不能在十年之内一事无成吧?

如果你无法确定自己的人生目标，也不知道未来在哪里，那么你又怎么会活得滋润，没有爱情的婚姻是可悲的，没有努力的付出，也注定不会幸福。

爱情那么美，有多少人希望通过爱情改变自己，只是我不知道你是为了嫁给爱情还是嫁给爱情的附加条件，嫁给爱情的人多半会幸福，而嫁给后者的，这样的婚姻多半不会太长久。

有人说："两个人在一起固然很好，但分开后，我也不会很差。"我觉得这才是正确的人生态度，当自己变得足够优秀时，你完全可以跟别人说："虽然我没结婚，但我依然会活得很滋润，婚姻里的所有东西，我靠自己也能得到。"

时光也许会带来风云变幻，但也会带来钻石之光，如果你不结婚，那么就要具备这个底气，让别人信服——生活在自己的幸福中，远比依赖别人强。

3

李姐是个活得很滋润的女人，她是我的一位采访对象，白手起家，努力奔走在事业的道路上，不知道历经多少荆棘，她终于迎来了自己事业的春天。

李姐在我们市有一个红酒酒庄，我们相约在她的酒庄里，略施粉黛的李姐看上去气质出众。聊完创业后，我们很自然地聊到爱情，由于李姐一直忙于事业，所以她至今还是单身。

我笑着说："李姐，不知道你对另一半有何要求呢?"李姐笑了一下说："这个问题我也想过，我想过不结婚，因为我现在活得很滋润，但也渴望爱情，如果非得说一个要求，那么我希望能嫁给爱情，而不是面包。"

李姐的回答确实震撼到我了，当一个女人有了足够的物质基础时，她们对感情的要求反而变得更简单，她们不会要爱情的附加值，因为这一切她们早已具备，这样的女人即使不结婚，也一定会活得很滋润。

一直以来，我们都有一个误区，总以为只有结婚才会让自己活得更好，我一直觉得这样的婚姻没有丝毫幸福可言，我们已经失去了结婚时的初心，带着功利的婚姻又怎么会长久呢？

你可以不结婚，但一定要活得滋润，这非常重要。

努力奔走的姑娘，
都活成了女神

1

谁的人生不是充满荆棘，出生时谁都是一张白纸，我们要做的是努力改变自己，为了自己的未来努力奔走，争取在这张空白的纸上留下浓墨重彩的一笔。

两年前，我认识了一位叫小A的姑娘，她的人生路上充满了坎坷，年纪轻轻父亲去世，母亲含辛茹苦地把她拉扯大，为了生计她早早辍学，在餐厅当服务员，每天重复着单调的工作。

没有人告诉她要改变，她也不知道自己该如何改变，日子有条不紊地进行着，每天下班后，她刷朋友圈、追电视剧，然后沉沉地睡去。梦想似乎被困在了自己的脑海里，再也放不出来。

二十出头的年纪却让自己活成了八十岁的状态。有一天，小A看了一条新闻："一个姑娘不满足现状，历经千辛万苦，终于活成了女神的模样。"就在这一刻，小A被震撼了，她看着那位姑娘风光无限、充满自信的样子，觉得那位姑娘的前半生就是自己的真实写照，小A突然充满了勇气，有强烈的愿望想改变自己的命运。

改变的过程会充满痛苦，每天下班后，她开始拿出大量的时间学习，刚开始她连最基本的内容都记不住，但她咬紧牙关坚持了下来。一次记不住就记两次，两次记不住就记三次，无论是吃饭，还是睡觉，小A像疯了一样坚持做自己认为是对的事情，她太想跳脱出那个让她感觉很不愉快的人生了，就算周围的人都说她是疯子，她也一点都不在乎。

小A说："年轻，是我最后的资本，我不能再给自己留下遗憾。"她通过自考拿下了本科学历，并且还很快地获得了学士学位。她开始不满足于现在的环境，努力地寻觅着突破的机会，一开始不知道参加了多少招聘会，虽然结果都很糟糕，但是她意识到，仅仅有一纸文凭并不能说明什么，拥有这样学历的人太多了。

2

命运有时候就是这样，纵使你非常努力，它也丝毫不给你回馈，小A有时候会难过，但她并没有停下脚步，她知道总有一个机会在等待自己。

在小A万念俱灰的时候，终于有一家公司向她抛出了橄榄枝，但是条件非常苛刻，试用期三个月，工资非常低，可小A还是欣然地接受了，她说："既然上天给了我奔跑的机会，那我就要抓住。"小A告别自己打工多年的餐厅时，泪如雨下，她发了一条朋友圈："愿此生只有前进，愿岁月无可回头。"

　　刚到公司的时候，小A很多问题都不懂，她虚心地请教同事，尽管同事并不情愿，但小A不管，她只想着尽快过了试用期留在公司，这是她的第一份文职工作。

　　等工作步入正轨后，小A在朋友的劝说下，开始接触新媒体、做公众号。由于她文字水平不错，又非常愿意把自己的故事分享给大家，两年之内，粉丝突破好几万，甚至还有出版社联系她出版书，当这份荣耀摆在她面前时，小A更加有自信了。她知道自己选择的这条路并不好走，但没关系，现在已经有很大的收获了，而这种成就是她以前想都不敢想的。

　　这世上有很多事就怕我们认真，如果你认真地折腾，那么整个世界都会为你让路，并足以惊艳世界。

　　在青春美好的年纪里，真没有必要做一个按部就班的孩子，我相信一成不变的生活会让你内心充满焦虑，即使在无意间被关上了一扇门，你也要尽力打开所有的窗，唯有这样，才可能有一片光辉灿烂的未来。

3

　　波伏娃说："女人不是天生的，而是变成的，因为改变而软弱，因为改变而强大。"女人因为改变而所向披靡，因为改变而活成了自己想要的样子。

　　这世上没有运气好的女人，有的只是无限接近好运气的机会，如果你不让自己变得足够强大，那么即使好运气垂青，你也一样会擦肩而过。

努力奔走，为了让自己过得更好，没有人能限制你的自由，当你一身职业装，红唇高跟地走在人群中，那份耀眼，我想足以惊到你自己，你一定会让别人羡慕，这才是生活应该有的姿态。

年轻一去不返，你要有随时放下一切的能力，在自己的世界里活出应有的姿态。人生实际上是一场修行，纵使前方布满荆棘，你也要踏路而去，当你走到路的对面时，你会发现，原来这一切并没有自己想象的那么难。

这世上没有一成不变的路，也没有人给你设定好人生的轨道。

岁月匆匆而过，当窗外的阳光洒落，你会发现努力奔走的自己竟然这么美，不论是美丽的容颜，还是内在的修养，都那样完美。

没有一个人的幸运是天生的，人们都是在努力奔走的年纪里实现了自我的价值，路程不但遥远而且充满艰辛。但是，我相信你一定能奔走出属于自己的未来。

三观不同，
就别硬凑在一起

1

朋友小坏更新了一条朋友圈："虽然有些痛苦，但我还是选择放手。"很多朋友纷纷留言，他们安慰小坏千万不要当回事，只有结束一段让自己痛苦的感情，才会迎来新的转机。

其实，小坏的恋情并不是网友想象的那样，男友不是大富大贵之人，也从来没有背叛自己，但是在一起后，小坏感觉生活很累，两人在三观上差距很大，所以经过慎重思考，小坏选择了分手。

三观确实很重要，很多陷入热恋的青年男女根本不考虑这个问题，在热恋中所有的事情都是小事，无论男方还是女方都会为了对方牺牲自己的喜好，但相处久了，问题就会暴露出来，你认为最对的事情，在他看来却是不对的。

当伴侣的人生观、价值观、世界观和你不契合时，你们的生活就会有无限的烦恼，快乐的事情也会变得不快乐。

三观比一个人的外表重要，外表只是好看的皮囊，三观则是有趣的灵魂，三观一致是一件很幸福的事情。三观一致，幸福也会随时伴随在你们左右。

小坏说："相爱容易相处难，爱是感性的，但相处却是理性的，它包含的东西太多了，虽然我们之间还有爱，但我不想继续下去了，分开对两人来说都是一种解脱。"

当一个人的爱成了另一个人的负担，如果还一直走下去，该会多么痛苦啊。

2

美好的爱情大都会三观一致，就像钱钟书和杨绛的爱情。因为两人各种观念契合，所以为爱情牺牲的一方也会感到幸福。

钱钟书考取了英国庚子赔款公费留学生，作为妻子的杨绛毫不犹豫地中断清华学业，陪丈夫远赴英法游学。

钱钟书虽然在文学上造诣很深，但在生活中却出奇地笨手笨脚，他在学习的时候，杨绛几乎揽下生活里的一切杂事，做饭制衣、翻墙爬窗，无所不能。因为爱，也因为和丈夫三观一致，所以她毫无怨言，活得非常幸福。

当杨绛在牛津"坐月子"时，钱钟书在家里经常搞坏东西。他把出租房里房东的台灯弄坏了，钱钟书紧张地告诉杨绛，杨绛只是笑笑，告诉他："不要紧。"

写文章时，笨手笨脚地把墨水沾在了桌布上，钱钟书硬着头皮来说，杨绛还是好脾气地告诉他："不要紧。"颧骨生疔了，杨绛还是不变的那句："不要紧。"

事后杨绛出月子，她一一妙手解难，无一句控诉，无一句怨言，杨绛的"不要紧"伴随了钱钟书的一生。

如果说好看的皮囊决定了人们的感性认识，那么一致的三观则会让人越来越理性，感情也会越来越牢固。

3

如果你和自己的另一半三观不一致，那真没有必要在一起，纵使你心里非常爱他，也不要感性地做决定，结婚是一辈子的事情，能否好好相处真的很重要。

现今，很多恋人分手的理由都是"两个人不合适"，所谓不合适，其实不是不爱，而是三观不同。这个世界上，因为三观不同而分手的情侣、离婚的夫妻，比你想象中多了太多。

很多人都说以前的婚姻才是真感情，现在这个社会的素食爱情太多，那是因为那个年代，即使两个人天天吵架也会忍耐着过一辈子，而到了我们这一代，宁愿一个人孤独终老，也不再愿意将就着过一辈子。

有句话说得好："与其凑合地结婚，不如高质量地单身。"

一段感情的破裂，可能没有对错，只是价值观相差得太多，两人根本没有办法沟通。你不赞同他的看法，他不理解你的立场；你不屑于他的朋友圈，他融不进你的朋友圈；你们每天对牛弹琴，一言不合就鸡飞狗跳，连吵架都吵不到一个点上。这样的情感还有什么意义呢？

我们早已过了冲动的年龄，不会为了一段没有结局的爱情而赌上一生，因为这样做不仅让自己难过也会让对方无奈，还不如趁早放手，重新出发寻找属于自己的爱情。

跟三观不合的恋人纠缠，一定会越搅越乱的，你的衣着、言谈，甚至爱好，都会让他不舒服，他会因为一丁点小事而发脾气，原因就是你们根本不在一个频率上，对的也是错的，错的也是错的，仅此而已。

4

跟三观不一致的恋人在一起，到底有多累？

你喜欢吃路边麻辣烫，他却喜欢去精致的餐厅，你不同意他的意见，你们就会吵架，最后两人什么地方也去不成；而三观一致的人，如果出现这个分歧，那他一定能够理解并接受你的爱好，也愿意和你一起去吃路边摊，这样的爱情才会让人舒服。

有的人非常自私，他们非常喜欢用自己的方式去要求别人，用自己的三观去判断别人，跟这样的人恋爱，就算不死也会剥层皮。

走在街上，如果你穿得少点，他就会说你穿得太暴露；你穿得多点，他就说你穿得太保守，总之横竖都是他的理，你根本没有办法和他沟通。

为了保持身材，你在健身房里拼命流汗，他很疑惑为什么跑步还得去健身房，这不明摆着浪费钱吗？你辛辛苦苦上班，攒下钱买个自己喜欢的东西，他就说你物质、败家，不会过日子。

总之，这样的恋人遇到问题从来不会从自己身上找原因，只要让自己不爽，他就会到处说，那样子仿佛比林黛玉还可怜。跟这样的人过一生，一定会让自己充满痛苦，还不如不恋爱，让自己快乐地生活。

三观不一致，千万别硬凑在一起，否则原本是一件喜事，最后却酿成了悲剧。

如果余生都是你，
晚一点没关系

1

有人说，婚姻是爱情的坟墓，有很多女孩在婚后才知道自己并没有找到生命里的真命天子，于是几年光景后，悄然走到离婚的地步。

为什么会这样呢？生活中我们给爱情太多的枷锁，太多的附加条件，使一份简单的爱情变得复杂了。我们在恋爱中会考虑很多，考虑房子、车子以及以后优越的物质生活，可是鱼和熊掌怎能兼得？

于是在恍惚中，在父母的催促中，选择跟一位经济上很棒略有好感的男人结婚，直到婚后才发现这根本不是爱情，然后一个人躲在婚姻的围城里怅然若失，最终实在难以承受，选择离婚。

还好，我们都还年轻，还好，我们还有爱的能力，纵使有过短暂的痛苦，那也不过是人生的一个小插曲。人生是一个有趣的循环，我们在年轻时无所顾忌地爱，恨不得付出全部，天真地以为余生就是这个人。

　　看过一个故事，有一位奶奶在九十四岁高龄选择和丈夫离婚，很多人不理解，劝她："都那么大年纪了，为什么还要走这样一条路？"老奶奶说："他（丈夫）并不是我要嫁的人，这些年因为孩子，所以没有选择离婚，但我知道他并不是那个对的人。"

　　有人说，这位老奶奶太过矫情，根本没有必要走这条路，但是我反而觉得她总算懂得为爱活一次，如果余生都不是那个对的人，那么这样的爱情没有丝毫意义。

　　当爱情没有来，我们要学会等，如果真能找到那个陪自己一生的人，那么所有的事情都值得。

2

　　我们总是在经历过一些事情后，才知道爱情的真正意义——让娇弱的自己变得更强大，很多时候我们并不是爱不起，而是没有遇到那个对的人。谁不想让自己的爱情圆满，可又有多少人愿意等待。

　　对的人会给你带来崭新的人生，就像三毛和荷西，在兜兜转转中，彼此都找到了自己的灵魂伴侣。于是，他们的余生都只剩下彼此的故事，有那么一个人，愿意陪你看星辰日落，愿意陪你流浪，愿意包容你的所有，而你也恰恰想为这个人这么做，我想这才是爱情真正的样子。

　　暂时的失恋并不能代表什么，或许那个爱你的人正在跋山涉水地来找你，如果真的有缘相爱，等一等又何妨？

在我们刚刚好的年纪，遇到一份爱，然后认真地去经营，这并不是你一瞬间的东西，而是一生的长相厮守，遇到爱、懂得爱，这该是多么幸福的事啊。

偶尔的一次相遇，可能擦不出爱情火花，等到暮年才会发现原来那个人一直是自己的"青梅"，就像《给朱丽叶的信》里的两位主人公，即使两鬓斑白，相互对望的眼神依然不变，他们经历了不同的人生，却发现彼此都是适合自己余生的人。

3

民国才女林徽因和梁思成的爱情让人心生羡慕。那个时候的林徽因是众多才子的梦中女神，这当中首要的就是梁思成和徐志摩，虽然徐志摩的才情让她折服，但她知道他并不适合做自己的理想伴侣。

纵使徐志摩能为她写直击灵魂的情诗，但这并不能改变她的选择。当她和梁思成喜结连理时，梁思成说："有一句话我想问你，这是第一次问也是最后一次。"林徽因笑着让他问，梁思成说："为什么是我？"林徽因说："这个答案，我需要用一辈子来回答，你做好听的准备了吗？"

事实证明，梁思成就是那个最对的人，在此后的四十多年里，他们相互扶持，相互疼爱，做了一对羡煞旁人的鸳鸯情侣。

如果余生都是你，晚一点真没关系，谁不想找一个彼此欣赏的人过日子，谁不想在以后的日子里一直面对一个自己爱的人，纵使这一路等待充满痛苦，我也觉得这是值得的。

真正的爱情不是短暂的轰轰烈烈，而是相濡以沫地互相扶持到老，在这一生里你都疼爱对方，渴望为对方付出，直到悄然老去，这样的爱情确实奢侈，但是我总觉得只要淬炼好自己，总能等得到。

你只有不去质疑爱，虔心地等待，才能等来爱情的花期。

4

小说《何以笙箫默》中，何以琛说："如果你曾经遇到过那么一个人，那么其他人就会变成将就，而我，不愿意将就。"

感情如人饮水，冷暖自知。如果你一直没有遇到对的人，却迫于身边的压力和自身的孤独，抱着随便凑合的心态和不合适的人一起走下去，这样又怎会长久？在爱情中任何的将就都会变成委屈自己。把时间浪费在错的人身上，其实是一种对自己的不负责。

为了遇到那个爱的人，我们要想办法让自己变好，让自己慢慢变得成熟，让自己放下，懂得爱的意义，用最好的姿态迎接最美的爱情。

不要羡慕昙花一现的爱情，因为那注定不会永恒，也不要怕爱情给自己带来伤害，因为这也是一种成长，遇到对的人开启一生的幸福，才会让生活充满美好。

二十几岁的年纪，千万不要抱怨自己遇不到爱情，更不要以为自己是被爱抛弃的人，当你努力地做好自己，那么属于你的爱又怎么会姗姗来迟？余生很长，一定要找一个相爱的人生活，否则在温馨的柴米油盐酱醋茶里你也不会体味到生活的幸福，因为这并不是你想要的爱情。

余生很长，如果余生都是你，那么晚一点真的没关系，我会用自己最好的姿态等你。

只有该结婚的感情，
没有该结婚的年龄

1

表妹又在微信上跟我吐槽："真烦死了，天天被爸妈逼着相亲，可我是个有感情洁癖的人，如果没感觉，我不会勉强自己。"表妹，今年二十八岁，大学毕业后进入上海一家外企工作。

表妹的工作顺利得让大家无比羡慕，从小到大，她几乎没让家里人操过心，没想到婚事却成了一个难题。我知道表妹的想法，她想等自己爱的那个人出现，但是家人又太着急，总逼着她相亲。

为了让表妹回家相亲，二姨甚至装过好几次病，当表妹回家看到身体健康的二姨，生气地说："妈，你这样累不累啊？要是再逼我，我可就不会来了。"二姨说："妞儿，你都快三十了，还没嫁出去，真是让我和你爸闹心，早知道不让你读那么多书。"表妹一气之下回到了上海，然后不停地找我吐槽。

男大当婚女大当嫁，自古就是优良传统，在二姨的观念里，既然到了一定的年龄那就得结婚，女人最重要的是结婚生子，而不是一直把心思放在工作上。我跟表妹说，有机会劝劝二姨，表妹发过来一段语音："我劝你还是省省吧，我妈那人很难做通工作。"

我问表妹接下来的打算，她说："走一步看一步吧，先认真工作，我总觉得爱情是可遇而不可求的，说不定那个爱我的人正在加速度赶来呢，我得等等他。"她说完后，发了一个做鬼脸的表情。

2

生活中，我们经常听到这样的论调，我们身边也不乏很多被逼婚的大龄青年，因为对婚姻的理解不同，他们难免会和父母闹矛盾。

婚姻是一辈子的事情，如果因为年龄到了而匆匆结婚，那么这样的婚姻注定走不长。有朋友说，结婚后可以慢慢培养爱情，我向来不赞同这个观点，如果婚后三观不合，那将是很痛苦的一件事。

先恋爱后结婚，这是很多人奉行的婚姻准则，所以他们总想遇到一个让自己怦然心动的人，这个人可以没有很好的物质基础，但要有一颗上进的心，可以暂时贫困，但要有改变的能力。

但是，父母不会这么看，爱情在他们眼里有些虚无，他们只想给孩子找一个生活条件好的人，因为他们知道爱情在现实面前有多么苍白，所以我二姨给表妹找对象的条件就定得很高，最起码得门当户对吧。

人生兜转，余生很长，很难想象和一个自己不爱的人生活一辈子会有多痛苦，我觉得这不仅对自己不负责，对别人也不负责。没有爱情基础的婚姻多半也不会幸福，因为彼此三观的不合，在以后的婚姻生活中必然会产生很多矛盾。

　　我觉得年龄从来不是结婚的必然条件，而爱情是。两个人如果有很深的感情，完全不用考虑别人的看法，直接结婚就行。

3

　　我在一次活动中认识了一位叫娟的姑娘，她告诉我自己今年二十七岁了，我笑着说："你没有被父母催婚吗？"她说："我二十岁就结婚了，孩子都五岁了。"娟说完后，我吓了一跳，她有些不理解地问："你觉得很惊奇吗？"我点了点头。

　　娟和老公是大学同学，念大三的时候，娟觉得老公就是自己这辈子最爱的人了，所以她向老公求婚，两人在一穷二白的情况下结为夫妻。我问娟婚后的生活怎么样，娟一脸幸福地说："很庆幸自己为了爱情而结婚，这就是我想要的生活。"

　　因为两个人在三观上非常一致，他们的婚后生活非常合拍。我问了她一个很蠢的问题："后悔这么早结婚了吗？"她看了我一眼说："当然不后悔，我觉得这辈子能嫁给爱情的人是幸福的，既然爱情来了，为什么不要呢？"

　　娟把我说得哑口无言，一直以来我们都奉承先立业后成家的观点，如果自己手里没有积蓄，没有一份好的工作，是断然不敢谈婚姻的。但是这世上有很多人的想法与我们截然不同。

　　我们给婚姻太多的附加条件，当年龄越来越大，另一半却迟迟不出现的时候，内心就会莫名地发慌，在外界和年龄的压力下，只好匆匆选择一个自己不讨厌的人过日子。

婚姻没有早晚，只是看你在何时遇到那个对的人，如果早一点遇到，早日步入婚姻的殿堂又何妨？如果你们足够相爱，那么一切都不是问题。

4

钱钟书对杨绛说："没遇到你之前，我没想过结婚，遇见你，结婚这事我没想过别人。"

好的爱情就是这样，有恰到好处的喜欢；而好的婚姻，就是我爱了你很久，往后还想继续紧靠，你需要的时候，我都在，你要的幸福，我都有。执子之手，与子偕老。

昆凌在二十二岁时嫁给周杰伦，成了人生赢家，婚后孕育一女一子，生活非常幸福。周杰伦遇到昆凌后，很快就爱上了她，接着就结婚了。昆凌虽然年纪还小，但她知道杰伦就是自己深爱的男人。

爱情和婚姻有时候很简单，有时候只需要对望一眼，那便是万年，遇到对的人，牵手过一生，我想这应该是最浪漫的事吧。

没有人规定，到了一定的年纪就必须找对象结婚，相识、恋爱、成婚……这一系列的过程与年龄无关，而与感情有关。

婚姻是一部电影，不幸的剧本各有不幸，而幸福的轨迹却如出一辙。真正的婚姻，就是和你认为不庸俗的人，做一对庸俗的老夫老妻。每个嘴上说着不想结婚的人，心里都有一个期待的模样。婚姻并不可怕，可怕的是为了结婚而结婚。

　　如果没有遇到合适的感情，结婚又有什么意义呢？

短暂的热情谁都有，
难的是长相守

1

许多事情总是想象比现实美好，相逢如此，离别亦如此。爱情开始的阶段，每个人都渴望长相厮守，可有些人最终还是败给了时间。

也许是情深缘浅，也许是因为某个误会酿成了终生遗憾，无论怎样，结果都是在人生中留下了爱情的遗憾，有遗憾的人必定受过深深的伤害，这样的人也真实地生活过。

屈指算来，大学毕业已经七年，那个时候我谈了一段非常美好的恋爱，没有房子和车子的要求，有的只是满满的爱，吃过晚饭，漫步校园，生活浪漫而又温馨。

所有短暂的激情，走着走着最终还是散了。我所有的努力撑不起未来，更不能给她一个想要的家，于是选择放手，没有丝毫仪式感的告白，只是两个人变成了最熟悉的陌生人。

几年之后，大家生活得都不错，曾经奢望的物质条件也早已达到，只是对于这份恋情的夭折，我并没有后悔，因为我清楚地知道，两人如果在一起，怕是不会有一个美好的未来。

很多恋人，很多故事是没有结局的，有些人会陪我们走一段路程，但绝对不会长久，在那段时间里，我们彼此付出过真心，那些相爱的日子也不会因为结局的不完美而毫无意义。

有时候，爱过就足够了，因为爱过才会更加懂得珍惜，才会明白生活有多么不容易，遇到那个对的人是一辈子最美好的事情。

2

你有没有见过为爱痴狂的人？我见过。

同事王小贝就是这样的人，我只是想不明白，一份把自己折磨得伤痕累累的爱情有什么意义呢？每个人都说强扭的瓜不甜，但是却说服不了自己。

王小贝和男友谈了四年恋爱，那段时间他们很苦，虽然有二十四小时的热水，也有信用卡，但是他们生活得并不快乐，没有真正吃过苦的人根本不知道爱情在生活面前多么脆弱。

甜蜜是要付出代价的，短暂的激情过后，剩下的才是生活，才是最简单的柴米油盐。他们开始因为生活吵，后来男友选择了离开，他说："这不是我想要的生活，我不想在这里窒息。"

男友走后，王小贝内心痛苦不堪，她爱他，义无反顾地爱，她对我说："你说，为何爱情最后会变成这样？早知道如此，我宁愿不开始。"

没有人敢保证爱情会地老天荒，也没有人敢承诺生活中有爱情就够了，因此，我们会有短暂的激情，但很难长久地相处下去。

有时候，不是不爱而是爱得太累，王小贝找了很久，但还是没有找到男友的影子，我劝她放弃，她说："放不下了，我爱他，所以我要找到他。"

既然爱过，又何必一直执着，相忘于江湖是离开对方后对彼此最大的尊重和慈悲，也许在充满激情时他会为你赴汤蹈火，但当生活归于平淡，他很难陪你走下去。

3

每个人在一生中都会遇见数不清的形形色色的人，有的是擦肩而过，有的是驻足休息片刻，有的会认真停留一段时间，有的会离开后再回来。

人生最好的时候不是早也不是晚，而是刚刚好，有些人穷其一生也不会找到爱，而有些人到最后才知道自己究竟爱谁。

一种思念，刻骨铭心；一种等待，望穿天涯。

我们一生会喜欢许多人，但真正念念不忘的只有几个，或许你真正爱过的人，也只能陪你走一段路。

所以再次见面，我会远远地看着你，不会再走近你，那段距离，才可以发挥我的内心戏。不会刻意地去追逐爱情，选择了耐心地等待。

张爱玲说：于千万人之中，遇见你要遇见的人。于千万年之中，时间无涯的荒野中，没有早一步，也没有晚一步，刚巧赶上了，那也没有别的话可说，唯有轻轻地问一声："噢，你也在这里吗？"

缘分有时候很巧妙，总是在我们想不到的时候悄然而至，一个人越是懂得爱，越会默默地用心聆听，越是懂得情，内心越会充满牵挂。

长相厮守有时候是一种痛，因为生活中不仅仅只有爱情，还有很多让自己永远无法想到的事情，我们的一生会遇到很多感人的缘分，不经意的萍水相逢，然后相爱，然后分开，无论怎样都会给我们留下一段清晰的记忆。

4

好友茉莉和男友分手三年，只是在这三年里，她一直在等待，她根本无法放下这个男人，她对我说："我们当时很冲动，人在冲动的时候都是病人，说出的话自然也是病话，我相信他会回来。"

茉莉说这些话的时候有些伤感，曾经那么要强的一个人，为何被爱情折磨得生不如死，既然对方不爱了，难道就不能放弃吗？余生那么长，为何要在一棵树上吊死？

茉莉说我根本不懂爱，不懂得那种撕心裂肺的感觉，可是她又怎么会知道，我也曾经痛苦，但我知道自己还有很长的路要走，既然不能陪我到最后，那还不如放手，就像李圣杰在《手放开》里唱道："我给你最后的疼爱就是手放开。"

我从来不否认爱情带来的快乐，但我更相信相守有多么不容易，当两个人的生活变成一个人，当两个人的兴趣变成一个人，当很多事情用爱情说不清时，我想相处起来应该会非常艰难。

相信这世界上有些人、有些事、有些爱，在遇见的一瞬间就注定会充满羁绊，纵使充满激情，那么又有何意义？若能好好相处，那么请勇敢爱；如果彼此不爱了，那就好好告别吧，这才是对彼此最大的祝福。

守住感情底线，
珍惜才配拥有

1

我从来没想到刘瑶会变成这样。

那天，我正在午睡，刘瑶给我打来了电话。接起电话后，她也不说话，只是一直在抽泣，问原因也不说，最后我只好赶了过去。

看到她一副痛苦的样子，我问："到底是怎么了？真是急死人了。"半晌，刘瑶说："我和男朋友小飞分手了，可是我一直都爱着他。"

我对刘瑶说："这样的人，早分手就对了，他根本不值得你哭。"大学同学刘瑶和小飞谈了三年恋爱，刚见他们两个的时候，我觉得刘瑶终于找到了属于自己的幸福了，我笑着说："恭喜你，不用再到处漂了，祝你们白头偕老。"

那段时间，他们经常在我面前秀恩爱，完全没有考虑我这个电灯泡的感受，有时候我也会生气地说："你们别在我面前秀恩爱，要秀，离我远点。"小飞笑着说："哥们儿，你也抓紧找一个啊。"

我一直以为爱情是靠缘分的，如果不对眼，那么怎么找也是错误，所以还不如等等。

当我认真等待自己的爱情时，刘瑶和小飞的感情却出了问题。当刘瑶以为这辈子就是小飞了时，事情却出现了变化。

有段时间，我去外地出差，正好看到小飞和别的女孩在一起，他看到我后非常慌张，想尽量躲着我，但我走上去说："呀，今天没带你女朋友啊。"小飞还没说话，我看到女孩表情非常尴尬，我对小飞说："你可真够无耻的。"

2

后来，我和刘瑶说了这件事，而且小飞也承认了，但是刘瑶却选择了原谅，我有些生气地说："他就是一个渣男，为何你看不明白呢？"刘瑶说："这是我自己的事情，不用你管。"

后来，我慢慢地淡出了他们的朋友圈，刘瑶的软弱让她一次次被甩，小飞甚至带着女孩直接回家过夜，为了能留在小飞身边，刘瑶选择了妥协。但没想到最终小飞还是离开了她。

刘瑶流着泪问我该怎么办？我说："这一切都是你咎由自取，在爱情面前没有底线活该被人甩，你要忘了那个渣男，重新找回自己。"

很多恋爱中的女孩，智商就是零，她们一直觉得是自己不够好，所以对方才会离开自己，这其实是错误的，真正爱你的人会包容你，不会让你受委屈。

只有不爱你的人才想免费消费你，如果你在爱情里守不住自己的底线，那么一定会非常痛苦，你的懦弱成了别人放肆的资本。

有些人根本配不上你的爱，一个真正爱你的人绝对不会让你失望，会让你感受到爱情的美好，也绝对不会一次次地挑战你的底线，不会满口谎言地骗你。

不爱你的人离开你，对你来说是一种解脱，你又何必花力气让自己悲伤呢？你们根本不是一个世界里的人，他的渣根本配不上你的爱，学会忘记他，才是对自己最大的救赎。

3

很多人曾经说好了要过一辈子，可是，走着走着就只剩下曾经了。又有多少人说到永远，但最后成了最熟悉的陌生人。每个人在爱情面前都要有一个底线，只有彼此珍惜才会幸福。

在感情的处理方面，我非常欣赏兄弟秦亮，当他得知女朋友小雯和前男友藕断丝连时，他直接选择了分手。面对女友的哀求，秦亮说：“不是我没给你机会，而是你根本不配拥有我的爱情，希望你好自为之。”

当我们喝醉时，秦亮还会喊小雯的名字，我知道他肯定还爱着对方，但他选择了把这份爱意埋在心底，因为对方已经挑战了他的底线，即使再爱也不能原谅。

我们都渴望一份刻骨铭心的爱情，也渴望和对方携手一生，但如果没有最好的结果，还不如放开对方的手，还自己一份宁静，让对方知道我们对爱情的期望。

感情里，总有分分合合；生命里，总会有来来去去。如果相爱能让彼此变成更好的人，那么这份爱就是有意义的；如果相爱让彼此痛苦，与其在对方的世界里沉沦，那还不如继续做高傲的自己。

不论渣男还是渣女都不配拥有爱情，因为爱情是圣洁的，值得每个人一生追求，底线对任何人来说都十分重要。

4

世人皆知徐志摩是一位伟大的诗人，但对张幼仪来说，他就是最不负责任的伴侣，因为他触碰了张幼仪的底线，所以他们离婚了。

1921年，多情的徐志摩在英国留学期间，遇到了一位才貌俱佳的留学生——林徽因，他对她一见钟情，甚至忘记了自己是有妇之夫。那时候，公婆把张幼仪送到英国陪读，她当时已有身孕。

回到家里，徐志摩抱怨张幼仪是乡下土包子，想和张幼仪离婚，张幼仪装没有听见，还是默默地伺候丈夫，为他洗衣服。

徐志摩说："我根本不爱你，你抓紧去打胎，然后我们离婚。"

张幼仪说："听说打胎很疼，而且还有生命危险。"

徐志摩轻蔑地说："真是可笑，坐火车肇事还会死人的，难不成大家就不坐火车了。"

面对徐志摩的无情和对自己一次次的伤害，张幼仪心灰意冷，她选择了放手，在自己的世界里，她再也感觉不到对方的温暖，她默默地在离婚协议书上签了字。

一个女人如果爱得太深，就会有失去时的不甘，就会一次次放纵对方，让自己变得越来越懦弱，当你自己变得越来越卑微，那么你就失去了爱情里的主动权。

守住底线，是为了让自己变得更好，只有懂得珍惜你的人才配拥有你的爱情，既然对方触碰了你的底线，让你感受不到爱情的温度，那么放手才是最完美的解脱。

学会释然，
方得幸福

1

苏苏和张凯谈了五年恋爱，本以为水到渠成，半路却杀出个程咬金，一直温柔细心的张凯竟然不知什么原因，死活要分手。

苏苏半夜给我打电话哭诉："我和张凯分手了，心里真的好难过。"听到这个消息，我当时竟然不知该如何安慰。

在电话里，我并没有问原因，而是尽量岔开这个话题，我怕苏苏一时想不开会做傻事，就连夜赶了过去。

苏苏看到我后，扑到我怀里痛哭流涕，她一边哭一边说："为什么会这样？我真的很爱他，他竟然连分手都不告诉我原因。"

我不住地安抚苏苏，我清楚地知道现在所有的语言都是苍白的。苏苏非得让我给张凯打电话，由于执拗不过，我只好打了过去。

电话刚接通，张凯说："是不是想知道我们为什么分手？"我简单地"嗯"了一声，张凯说："感情的事真没那么多为什么，应该就是不爱了吧。"张凯一句简单的"不爱"让苏苏歇斯底里，号啕大哭，我吓得赶紧挂了电话。

等苏苏的情绪稍微平静后，我说："既然对方不爱了，那么就放手吧，没必要让自己这么痛苦。"

为了忘却这段感情，苏苏删除了张凯所有的联系方式，但我心里知道苏苏根本没有放下他，她所做的一切不过是自欺欺人。

2

为了安慰苏苏，我们几个开了一场小型派对，主题竟然是庆祝苏苏恢复单身，当小梅说出这句话时，我看到苏苏的脸上有一丝苦笑。

喝到尽兴，小梅说："要我看，他肯定是爱上别人了，既然这样，那么你干吗要这么痛苦？"

小梅说完后，我看到苏苏脸上有泪痕，为了不再刺激苏苏，我赶紧示意小梅不要说了，但小梅根本不听，她继续说："像张凯这样的，分手了更好。"

小梅是出了名的火暴脾气，当得知男友劈腿后，她差点把男友骂死，然后在男友的祈求中果断地拒绝了他，男人出轨，小梅是绝对不会原谅的，因为她知道这事有第一次肯定会有第N次。

小梅说完，苏苏的眼泪再次流了下来，她不住地抽搐，内心万分委屈，她一遍遍地说："他为什么不告诉我分手原因，是不是我做得不够好？"

面对苏苏可怜的样子，小梅有些生气地说："你真是没出息，如果想知道，那么就注册个小号关注他吧。"说者无意听者有心，苏苏竟然真这么办了。

那段时间，苏苏天天关注着张凯的动态，整个人内心发慌得要命，她生怕看到让自己伤心的事情，她一遍遍地说服自己，这一切不过是个误会。

3

苏苏变得越来越颓废，找不到自己想要的生活。每天，所有的工作都是盯着张凯的动态。

张凯最近更新了一条朋友圈："终于找到了真爱，大家祝福我吧。"配图是一名浓妆艳抹的女子。苏苏看到后，整个人再次陷入极度痛苦中，我和小梅不停地安慰她，但没有半点用处。

苏苏突然记起了张凯的好，那段时间他们爱得热烈，苏苏烦躁，张凯会纾解她的情绪，想尽一切办法逗她开心；会在苏苏生理期的时候递上一杯热姜糖水；在苏苏情绪低潮时，给她最温柔的安抚。

没想到，第二天苏苏仿佛变了一个人似的，她注销了那个小号，准备迎接新的生活，她买了南下的火车票。临行之前，苏苏对我们说："谢谢你们的陪伴，我要离开这座伤心之城，等有时间再来看你们。"

那天，离别的氛围有些悲凉，小梅和我说："但愿她能获得重生，找到自己的人生价值。"

　　一天，我正在午睡，小梅给我打来电话，她在电话里幸灾乐祸地说："你知道吗？张凯又分手了，这次是女方甩了他。"在小梅的叙述中，我才知道，张凯之所以和苏苏分手是为了自己的仕途。

　　那位浓妆艳抹的女子承诺会助张凯一臂之力，条件是他们要在一起，为了仕途，张凯放弃了有着五年根基的恋情。但后来，这位女子又喜欢上了别人，所以张凯竹篮打水一场空。

　　得到这个消息后，小梅兴奋地说："渣男终于受到了惩罚，我们要不要告诉苏苏呢？"我说："算了吧，他们再也回不去了，我倒希望苏苏能真正忘了这个男人，那样她会活得快乐一点。"

4

　　三年后，苏苏再次来找我们，小梅刚想对苏苏说张凯的消息，我马上制止了，我问苏苏这三年怎么样？苏苏笑着说："都挺好，我有了一份不错的工作，而且也有了新的恋情。"

　　苏苏告诉我，分手的第一年里她非常痛苦，每次在夜深人静的时候就会辗转难眠，为了消除这份煎熬，苏苏再次关注了张凯的朋友圈，本来想让自己舒服一些，但关注之后，苏苏更加痛苦，张凯在朋友圈里不停地秀恩爱，苏苏觉得他们每秀一次都是在打自己的脸。

　　关注，取消；再关注，再取消。苏苏像疯子一样深陷感情的旋涡，她整夜整夜地失眠，只好靠听广播来慰藉自己。有一次，她突然在广播里听到了和自己一样的经历，当变成旁观者之后，苏苏突然醒悟了，她觉得自己不能再颓废下去，于是果断取消关注，删除好友，再也没有和张凯联系。

那段时间，苏苏把所有的精力都用在了工作上，领导交代的事情能又快又好地完成，她仿佛重生一般，很快做到了公司的HR，更幸运的是遇到了生命中的另一半，她觉得这是生活对自己最好的馈赠。

5

沉溺于情伤，是幸福路上最大的拦路虎，原本相爱的两人却在瞬间变成陌生人，这不免让人唏嘘。每一段恋情结束后都要归零，只有这样才能更好地迎接下一份感情。

人生总是这样，很多事情都是相对的，如果爱情给你带来了遗憾，也要学会释然。你的爱很贵，并不是每个人都配拥有，有些不完美的恋爱，不过是在幸福的周围画了个圈。

再痛，不过前尘往事，你还要勇敢往前冲，你的花期未至，为何就要枯萎。收起你的委屈，重新上路吧，外面依旧阳光明媚，你又何必在这段旧情里自怨自艾呢？

一段恋情的结束是一段新恋情的开始，人生漫长，最美好的幸福永远在路上，踮起脚往前走，你会看到幸福正在朝你招手。

善于等待的人，
一切都会到来

1

这几年，我亲眼见证了朋友小北从热恋到分手，再到醒悟的过程，这一过程也让她为冲动的恋情付出了惨重的代价。

小北长得非常漂亮，白皙的皮肤让人心生羡慕，但她在处理事情上有些优柔寡断，这让她美好的青春全部浪费在了一个渣男身上。

在一个夏日的午后，当小北跟我说她爱上了一个比自己大十四岁的男人时，我一时半会还无法接受，那段时间流行大叔恋。我善意提醒她千万别被骗了，但小北却不屑一顾地说："你懂什么，我们是真正的爱情，肯定没有问题。"鉴于她这副样子，我便没有说什么。

刚开始，他们如胶似漆，这位大叔每天都会来接小北上班，她在朋友圈里不停地分享着自己的幸福。

有那么一段时间，我觉得是自己错了，开始怀疑爱情的真实性，当看到小北如此幸福时，我真为自己当初的多虑感到羞愧。

在爱情的滋润下，小北快乐得像个精灵，她肆无忌惮地放纵自己，觉得自己是这个世界上最幸福的人，但当小北认定要跟对方一辈子在一起时，这个男人却消失了。

那天晚上的气氛有些尴尬，小北担心地说："你说他会不会出什么事？真不知道自己离开他之后会怎样。"我不断地安慰小北，生怕她会做出傻事。

2

这位大叔消失了两年，小北痴痴地等了两年。

有一次，我去外地出差，想不到竟然碰到了小北的男友，只是那个男人怀里拥着另外一名女子，关系非常亲密。

当这一切水落石出后，我终于知道小北不过是他的一个猎物。当我把看到的一切都告诉小北后，她根本不相信，并说自己的男朋友绝对不是这种人。

陷入爱情中的姑娘头脑会短路，你明明说的是事实，她却一点也不相信，其实，在她的内心里惧怕这个结果，她怕自己爱情的美梦在一瞬间破碎。

有时候，真想不明白，一个女孩该怎样无知和无畏才将自己最好的青春依附在一个男人身上，最可悲的是，明明被骗了，却依然不肯醒悟。

这种痴痴的执念只会让自己伤痕累累。

小北跟我说："我从来没有如此用力地爱过一个男人，我觉得他是我的全部，我相信他有自己的苦衷，否则不会这样对我的。"

　　她说完后我有些生气，但看到她眼眶里打转的泪水，我便忍住没有发火，这就是典型的被别人卖了还帮别人数钱。

3

　　这年头，相比较毛头愣脑的小伙子，大叔有着无可比拟的优势，因为相对的成熟和多金会让年轻的女孩子心怦怦乱跳。但是当你以为这就是一辈子的时候，他就会消失，再也不见。

　　有些人就是不见棺材不掉泪。

　　当小北看到自己朝思暮想的男人怀里拥着别人时，她终于泪如雨下，她摇着我的胳膊问为什么，梨花带雨的样子让人有些心疼。

　　也许年龄并不能代表一个人的品性，但聪明的男人都会找一个老实本分的妻子，他们知道自己想要什么，怎么可能把自己爱的橄榄枝抛给一脸懵懂的你？

　　在大叔的眼里，你最值钱的就是青春，但是你的青春不会让他一辈子迷恋，只是自作多情的你以为这就是浪漫的一辈子。

　　小北说："我终于知道自己的想法有多蠢，这份情感从开始就是一份交换，我竟然还奢望一辈子，放心，未来我一定会好好的。"看到她突然醒悟后，我用力地点了点头。

　　意识到自己的问题，努力去调整，这是一种态度，不论在一段旧情里是否受到伤害，都没必要再继续纠缠下去，来日方长，你总要有新的生活。

4

世界并不总是那么美好，有些时候是险恶的，你的灵魂没那么廉价，请不要随意安放。这世上并不是每个人都值得你爱，你要为值得爱的人付出。

千万别过惯饭来张口的生活，不想努力为生活去拼搏，总想用自己有限的资源去做交换，你得知道，别人能给你的这些，自己完全也可以靠努力去得到。

你可以在美好的青春，找一个羞涩善良的少年，陪他一起成长，这才是爱情的本质，真正的爱情需要旗鼓相当、势均力敌，而不是投机取巧地寻找现成的。

和相爱的人同甘共苦是很幸福的一件事。

5

人生路漫漫，你要学会等待，总会遇到那个对的人。

著名作家铁凝才华横溢，到了中年依旧形单影只。有一次她去拜访冰心，老人看看优雅知性的她，忽然问："你有男朋友了吗?"

铁凝愣了一下，有些羞涩地回答："还没有，还在找。"

　　冰心看着眼前温婉的女子，笑着说："你不用找，只要等，他会出现的。"

　　多年后，铁凝说："这是一句非常有禅意的话，当时我不太明白，但后来我懂了。"

　　没多久，铁凝就遇到了儒雅的华生，俊朗的他和铁凝一认识就有相知的感觉，两人都是不惑之年，却是如此心心相印，最后喜结良缘。

　　年轻的我们很难挡住温柔的陷阱，总想快点获得一份爱情，随意安放自己的灵魂，如果真这样你会让自己更加痛苦，你要做的是停下来慢慢等待。

PART 4

人生诸多不易，
我们更要脚踏实地

余生很贵，请别浪费

1

朋友刘晓最近决定辞职，得知这个消息后，我有些震惊。

刘晓的从业之路并不顺利，大学毕业后，她找工作屡屡碰壁，没想到最后竟然柳暗花明顺利地进入了一家国企。由于她工作非常努力，两年后成为集团里最年轻的部门经理。

正当事业风生水起的时候，刘晓突然想辞职。对于她辞职的事情，家人强烈反对，他们觉得刘晓的做法不可理喻。

我问她："做得好好的，为什么要辞职呢？你不知道有多少人羡慕你。"刘晓说："如果单纯从钱上来考虑，那么我是幸运的，但是这份工作让我不快乐，既然不快乐，我为什么还要坚持呢？"

是的，刘晓说服了我，不到三十岁的姑娘为什么要过一成不变的生活，为什么要让自己每天都不快乐？

我问过她辞职后的打算，她决定先出去旅游，增加自己的经验，她说："都说身体和灵魂总要有一个在路上，而这次我想让两者都上路。"

辞职后的刘晓仿佛破笼而出的囚鸟，她按照自己喜欢的方式生活，在旅游的路上不断探索新鲜事物，她的思考能力特别强，人生也发生了本质的变化。

旅游归来的刘晓决定自己创业，虽然创业很苦，但刘晓想拼搏一把，无论结果如何，至少给自己一个机会，她说："身为年轻人，我们没有必要一成不变地活着，即使失败，那也是一笔宝贵的财富。"

2

朋友圈里有位叫孙晴悦的女孩，她在二十岁的时候第一次去南半球，二十二岁的时候顺利地进入了中央电视台，时隔两年，她当上了驻外记者，很快走过了一张拉丁美洲的地图，事业顺风顺水让人羡慕。

然而在她二十八岁时，孙晴悦选择了辞职，她出版了自己的第一本书《做没做过的事，爱没爱过的人》，过上了另外一种人生。

有很多人会过着一成不变的生活，他们没有勇气追求自己想要的东西，当别人做了自己内心渴望做而不敢做的事情时，他们就会充满羡慕。

其实，生活就是慢慢受挫的过程，人一天天老去，生活也一点点消失，不快乐也常伴我们左右，在暮年回忆时，才会陷入无尽的后悔当中，原来此生我们竟然没有好好过过。

没有好好过的人生，绝对不是完美的人生，那些好好过的人都不曾后悔过。

很多时候，我们活在别人的世界里，从来不考虑自己活得是否快乐，只要别人眼中的自己是完美的，那就足够了。可是这样的生活会很苦，会让自己失去对生活的激情，仿佛一具行尸走肉，这样的人生注定不是完美的。

3

两年前，同事李娜辞职了，那个时候我刚好来到报社。对她辞职的事情很不理解。我问她："娜姐，在这里工作不好吗？这里是事业单位，多少人羡慕啊。"李娜说："这份工作确实不错，但不是我想要的，每个人对生活的期望不同。"

说实话，当时我对她这种行为很不理解，总觉得她是身在福中不知福。

李姐辞职后，做起了自由撰稿人。她的文字水平非常不错，由于平常单位工作非常忙，她几乎不能写自己喜欢的东西。但辞职后，她有了大把的时间，一年后顺利地出版了自己的书，有了自己的自媒体品牌。

我问过她辞职后悔吗？娜姐说："我感谢自己当初那个决定，因为时间太短了，我要做点对自己来说有意义的事情。"

在单位工作几年后，我也选择了辞职，没有什么原因，就是单纯不喜欢了，辞职不等于颓废，失败不等于后悔，我们只要让自己活得快乐就可以了。

做自己喜欢的事情是一种勇气，人和人之间是没有可比性的，当有些人头也不回地越走越远，路越走越宽时，我们没有必要羡慕，在人生这条布满荆棘的路上坚持走下去就足够了。

4

其实，每个人都曾想过逃避，但却又不得不活在别人的价值观里，自己做的一切都是给别人看的，这其实真可悲。

我有个朋友不喜欢教师这个职业，但是家里人非得逼着她去做，父母的态度很明确：做老师不仅有寒暑假，而且还能嫁一个好人家。在她父母的眼里，写写画画简直就是浪费人生，父母说她没有事业心，为她的未来担忧。

有时候，我想不明白，这怎么可能是事业心的问题呢？如果说事业心是违心地做自己不喜欢的事情，那还真不如一点都没有，我们机械地活在别人的价值观里，没有丝毫意义。

我身边有好多朋友都跳槽了，他们跳槽的原因并不是原先的工作不好，而是根本不能引起自己的兴趣，一个人如果对工作失去了兴趣，那么就失去了人的特质，这与机器人没有什么两样。

生活给我们设定了一条轨道，大学毕业然后找一个和专业相符的工作，任劳任怨地干一辈子，不管自己喜欢还是不喜欢，仿佛只有这么做才会心安理得，这真的很可悲。

很多时候我们对一份工作非常不满意，但是我们没有能力去改变，一方面怕自己辞职后找不到更好的，另一方面怕别人的嘲笑，于是我们只好在自己的井里坐井观天，在自己讨厌的工作里无限重复。

其实，真正束缚我们的就是我们自己。人生苦短，多做自己喜欢的事情吧，只有这样，当你到暮年时才不会感到后悔，就像保尔·柯察金说的："不会因为碌碌无为而羞耻。"

时间不够用，
现在就行动

知乎上有一个问题："为什么总感觉时间不够用，工作没效率？"

有个高赞回答是："那是因为你不懂得管理时间，所以你才会感觉累。"那么，怎样才能更好地管理时间呢？

1

参加工作后，我的工作效率一直不高，但一直不知道该如何改变。坐在电脑前的前二十分钟，精神抖擞，精力非常充沛，但是越到后面，越疲惫，领导交代的任务也不能按时完成，感觉自己整天在混日子。

朋友小高工作效率非常高，上周六和他一起吃饭时向他取经，我跟他说了自己每天的状态，他说："一个人长时间保持满格的状态是非常困难的，在状态好的时候就要多付出，状态差的时候，保持最基本的水准，这就可以了。"

为了提高工作效率，每周日，小高都会列一个下周工作的任务清单，按工作的重要性、关键性、迫切性和有效性进行ABC分类管理。

A类是最重要的，这类工作当天必须做好，它们只占工作量的20%左右，但必须花费70%～80%的时间去完成。

B类是比较重要和迫切的工作，但后果不严重。这类工作占总工作量的30%～40%，所花费的时间一般应控制在20%～30%。

C类是无关紧要，无严重后果的工作，可以暂时不做，这类工作虽占工作量的40%～50%，但要尽量把占用的时间降低。

小高说："这些并不是固定的，我们需要不断调整自己的次序安排，以便最有效地利用当前时间，创造最大的效率。"后来，我听从了小高的建议，每天的工作效率也越来越高。

一个人不可能每时每刻都火力全开，我们只要努力把整体维持在一个较高的水准上，那么工作时间就会飞起来，工作效率也会很惊人。

2

每个人的一生都有很多碎片时间，它主要包括：

1.空隙时间，想玩的时间，可被利用的时间，如等车，等吃饭，坐车等。

2.能够拿出来的大块时间，并且可以被碎片化了的，如早起，睡前的时间。

朋友苏苏最近拿到了美国一所大学的offer，这让我们非常惊讶，因为她几乎和我们一样按部就班地上班，根本没有时间学习，后来才知道，苏苏是一个利用碎片时间的高手。

苏苏说："我经常会在等车或等吃饭的时候学习一会儿，我还经常早起，在所有人还在睡觉的时候起床朗读和记单词。"

苏苏每天早上五点左右起床，这样每天就会多两个小时的学习时间，她说："不要小瞧这些时间，一个早上我可以完成平常日子三天左右的学习量，这样一天等于三天，一周等于三周，时间就完全省了出来。"

美国学者洛厄尔·迪特默说："每人每周都一样有一百六十八小时，但是这一百六十八小时产生的价值却不一样。"早起也许不会让你立刻从中体会到益处，但只要坚持下去，你绝对会收获很多。

琐碎的时间是珍珠，可惜我们都明珠暗投，将它们当垃圾给扔掉了，只要把各种琐碎的时间利用起来，就一定会让自己闪闪发光。

3

在每天的工作中，我们会经常被手机等一些琐事打乱，时间变得非常分散，工作效率也比较低下。

朋友大雄是一家房产公司的策划员，两年后，顺利地被提拔为策划经理，他的工作能力很强，效率很高。后来我才知道他升职的秘诀：他每天都会给自己留出几个固定的整块时间（一小时或两小时）。

在这几个整块时间里，他不会被网络、手机和人物干扰，他利用这几个整块时间能很出色地完成每周的任务量，深得老板赏识。

大雄说："只要你开始习惯这种工作方式，它能在很短的时间内提高你的工作效率。"

我问他每天最容易安排出来的整块时间是什么时候，他告诉我是早起后的半小时到一小时以及到公司后的一个小时，在这个时间段，一定要远离社交媒体、新闻等网络干扰，手机、电脑都要取消各种通知提醒。

当然，在上班过程中是否能安排出不被打扰的整块时间，还要看具体的环境和工作习惯。不被打扰的整块时间越多，工作效率就会越高，在这个时段内，尽量只做重要任务，而不是突发的紧急任务。

要是你在一天中无法安排不被打扰的整块时间，那么工作效率会很成问题，任务完成的质量也会比较差，老板自然不会赏识你。

日本时间管理大师桥本和彦说："没有体现结果的时间管理就不能称之为时间管理。"因此，定期对时间管理的不足之处进行反思，就具有非常重要的意义。

4

鲁迅曾说过，时间是组成生命的材料，浪费别人的时间无异于谋财害命。由此可见，管理时间就像管理生命一样重要。

在这世上，富人把时间当资产，做时间的主人，把有限的时间用在投资学习、结交更多的人、提升自身能力等方面。而穷人却把时间当成消费品，花在逛街、闲聊、看各种电视节目等与未来没有任何关系的事情上。长此以往，两者之间的差距会越来越大。

一个人是否会管理自己的时间，决定了他的未来。

自己做生意后，我发现自己有了大量的闲暇时间，但却把时间花费了游戏上，最后发现自己什么也没得到，就是在虚度光阴。后来，我开始利用闲暇时间写作，一段时间后取得了不错的成绩。

赫胥黎说："时间最不偏私，给任何人都是二十四小时，同时时间也最偏私，给任何人都不是二十四小时。"

其实，时间的供应是没有伸缩性的。不管需求有多么强烈，时间的供应就是这么多。它没法用价格来进行调节，也没法为它来绘制边际效用曲线。时日稍纵即逝，根本无法储存，昨天的时间已是一去不复返了，时间才是最贵的奢侈品。

如果你不合理地规划时间，那么时间管理便会沦为空谈，你依然会身心俱疲且内心无比迷茫，那样的话你的人生绝对不会精彩。

善于管理时间的人，不是让自己获得了不起的大成就，而是让自己能更明晰时间的去向，对事物的价值度有所衡量，并通过管理时间这一具体行动，让自己不再盲目焦虑。

现在的你，
正是最好的年纪

1

偶见网上一个帖子，大意是，恨自己一事无成，整天心力交瘁地混日子，未来渺茫，生无可恋，剩下的仿佛只有一具躯壳。

生平最讨厌这种人，天下有多少人羡慕你的年轻，有多少人愿意用自己的财富交换你的年轻，不努力，没人说你，可你整天怨声载道，实在惹人烦。

以前，看过一则小故事，年轻人生活邋遢一事无成，前去找大师点化。他说："师父，为何别人那么有钱，而我却一事无成？"大师闭眼微微思考，然后说："如果给你二百万元买你未来的三十年，你愿意吗？"年轻人想了一会儿说："当然不愿意。"大师说："如此说来，你也是个有钱人。"年轻人恍然大悟。

我在报社上班的时候，也觉得自己挺失败的，当同事们开车上班的时候，我却只能骑着一辆破电动车，每次我都不敢和他们一起吃饭，看着他们点餐不眨眼的态度，我内心十分恐惧，那会儿囊中确实羞涩。

我曾私下里跟他们做过对比，除了比他们年轻，我一无所有。好在那段时间，我心态不错，并没有拿自己的短处和他们的长处比，只是暗自努力，为了自己的梦想不断给自己加油。

二十几岁，没有显赫的家庭背景，我们很容易迷失在欲望的都市，很多同龄人为了钱甚至不择手段，这真的很可悲。

2

韶华易逝，我们每个人都害怕青春一去不返，但却对美好的青春要求极为苛刻。

为什么有的人越长越漂亮，工作也好爱情也好，每天脸上都挂着温暖干净的笑容；而有的人却把生活过得一团糟，越来越没气质，活得也越来越邋遢，甚至对未来充满渺茫。

其实每个人的生活都应该是差不多的，造成那些天差地别的，在于他们对待自己的态度。

同学丽高中毕业后放弃了高考，丽的父母觉得小女孩读那么多书没有什么用，反正迟早是要嫁人的。那时，我问过丽的想法，她说："我也觉得读书没什么用，还不如趁着年轻早点赚钱。"

在朋友的介绍下，丽成了一家手机店的售货员，那时智能机还未兴起，网络电商还没有这么发达，丽一个月能赚几千块。因为我们一直保持联系，我对她的生活羡慕不已，后悔自己上了大学。

大学毕业后，我们的联系越来越少。有一次我去商场买衣服竟然在专柜看到了她，丽热情地和我打招呼，接着和同事说了几句，邀我来到了一楼的咖啡厅。

我还没开口，丽说："真后悔没念书，这几年变化太大了，像我们这种没文化的只能做最底层的服务业了。"电商兴起后，丽所在的手机店受到了很大的冲击，工资一而再地减少，最后丽只好辞职了。

因为没有专业技能，她找工作屡屡碰壁，最后只好到商场卖衣服，我问她未来的打算，丽苦笑了下说："吃青春饭吧，真不知道自己以后还能干什么。"我说："这是你最好的年纪，为何不重新读书？"

3

丽最终还是没有听我的建议，当一个人自由散漫惯了，就会很难重新拾起梦想，她辜负了自己的曾经，自然也不会找到好的未来。

一个二十多岁的女孩和我说，她要参加自考，趁着年轻努力学习，她怕自己虚度这几年后一事无成。这是一位聪明的女孩，至少此刻她知道自己想要什么，她知道在最好的年纪里要做什么。

相信我，现在的你，正是最好的年纪。不要羡慕别人，不要想象将来多么美好。不辜负当下的每一天，才是最重要的。等到我们老死的时候，才会没有遗憾。

在最好的年纪里找到一份足以让自己开心的工作，并认真对待这份工作，努力让自己变强，等回忆的时候才不会觉得自己虚度了年华。

在最好的年纪里买自己喜欢的东西，看自己喜欢的电影，去自己喜欢的地方旅行，爱自己喜欢的人，也让对方能够放心大胆地爱自己，总之，此刻的你就是一个快乐的精灵。

在工作的时候，记得认真学习，因为你只有努力才有机会迎来属于自己的蜕变。

当你认真对待工作，投入你该有的激情和热爱，或许刚开始会经历一些痛苦，但一定会有所收获。也许有一天，这份工作将成为你的最爱和你的骄傲。

4

心理专家李子勋老师说过，所有的女人，都只应该为自己而活。生命如自己驾车，你开车的态度决定了自己的幸福。现在的你，定会让别人羡慕。

在最好的年纪里一定要运动和读书，身体和灵魂总要有一个在路上，这是世界上成本最低的升值方式。运动会让身体变得美丽而健康，而读书会让灵魂变得美好而强大，成为一个有温度懂情趣会思考的女人。

你可以选择下班懒洋洋地瘫倒在床上玩手机，直到睡觉；也可以选择在睡前花一个小时去阅读和锻炼，这些看上去微不足道的时间，却会在未来让你的人生豁然开朗，让你在以后完美绽放。

在最好的年纪要学会打扮自己，一定要让别人感受到你优秀的外在和内在。

努力保持身材，这世上没有减不下去的肉，只有管不住的嘴和迈不开的腿，你瘦下来的样子绝对好看。

学会穿衣服，曾看过一句话：当你不说话时，衣服是最直接的语言，它反映了你内心最真实的一面。我们不需要名贵的衣服，但一定要适合自己，如果你在最好的年纪里做好这些，那么还有什么遗憾呢?

我们总是抱怨在二十多岁的年龄段一无所有，但抱怨没有用，学会在享受这个年龄的同时增值自己，这才会有一番别样的美好。

用自己喜欢的方式过一生

1

桑德伯格说："生活就像洋葱，你一层层剥开，总有一瓣让你泪流满面。"人生就像爬坡，从来没有毫不费力的生活。

年轻人要用年轻的姿态活着，在二十几岁的年龄过八十多岁的生活，按部就班地上班、生活，真不知道这种生活有何意义，生活再难，我们也要活得漂亮。

我们拼命工作努力挣钱就是为了让自己在喜欢的东西面前不用犹豫，为了能给自己爱的人更好的生活。我们会在这个过程中收获独立的人格，慢慢活成最好的自己。

因为年轻，所以我们要承受生活带来的磨难，当工作失意时，也会躲在不被人发现的角落，大哭一场。但哭完后要重新站起来，继续披荆斩棘；在天刚放亮时揉着发涩的眼睛，胡乱地吃口早餐，在拥挤的地铁里，继续追逐梦想。

二十几岁，谁的职场不委屈，只要你能拨开生活的阴霾，一定会获得重新放晴的机会。

你不是别人的翻版，人生中的每一步，都需要自己走，任何人都无法替你去完成，所以你要踏踏实实地做好自己。

2

活成最好的自己，不需要去迎合别人，这是你应有的姿态。

我们会羡慕别人漂亮，身材好，会羡慕他们的人生一帆风顺，觉得自己活得非常糟糕，这世上每一个人的人生轨迹都无法复制，不要做别人眼中你，要做心中最好的自己。

朋友乐乐曾经是一位自卑的女孩，她性格内敛，羞于表达，每次出去都是甘当朋友们的绿叶。其实乐乐长得不丑，但是她不会打扮自己，穿的衣服也不适合自己。朋友们曾经给过她建议，希望她能穿得时髦一点，但乐乐根本无动于衷。

时间长了，大家便也不再多言，后来，乐乐逐渐淡出了我们的生活，当我们一起玩的时候，她不再参与，而是静静地做自己喜欢的事情。

无意间，我看到了她的个性签名："人生匆匆，为什么不做让自己满意的人。"在我们出去玩的时候，乐乐申请了公众号，开始认真地记录自己的心情，刚开始她纯粹自娱自乐，但后来竟然有编辑找她约稿。

大学毕业后，当同学们如火如荼地投简历找工作时，乐乐已经是一家公众号的签约主笔，月工资近万元，我们从来没有想到这只在舞会上的丑小鸭会逆袭，就像她在文章里写的："每个人都是不同的，我们没有必要因为别人的要求而改变自己，生命如昙花，我们要做那个最美丽的自己。"

3

有时候，我们太在乎别人的看法，总想走一条属于大家的路，在这条路上，我们一直和别人比，但从未考虑过自己，一路跌跌撞撞后，便追悔莫及，原来人生不是只有一个样子。

人生是个取悦自己的过程，也许在未来的路上我们还要付出很多，不被理解和认可，还要经历很多磨难与痛苦，但我们不会放弃，人生的岔路往往都是在最艰难的路段开始，你要变成什么样完全自己说了算。

同事路路辞职的时候，我还是有点吃惊，她说自己讨厌这份朝九晚五的工作，一年三百六十五天丝毫体会不到工作的乐趣，总觉得这不是自己想要的生活。

路路喜欢写作，工作之余她喜欢写一些走心的东西，当她把辞职的想法告诉父母后，母亲非常生气，她对路路说："你折腾什么，不知道现在工作有多难找吗？"尽管母亲一直反对，但路路还是坚持自己的意见。

人总要在路上活成那个最美的自己，路路开始了自己的全职写作生涯，虽然没有以前的保障，但是路路做得非常开心，她觉得这才是自己想要的生活，也只有在这种生活里自己才会快乐。

　　然而，写作之路充满艰辛，每个人都要熬过寂寞期，那段时间暗无天日，甚至都会食不果腹，但在那份快乐的悸动下，一切都变得微不足道。

　　后来，路路越写越顺，在南方的一座小城开了自己的工作室，她终于凭借努力让自己光芒万丈，父母也对她完全放下心来。

　　路路说："如果当初不辞职，我会把自己磨成一个机器人，每天重复工作，浑浑噩噩地过完一生，写作让我重新找回了自己，文字里人物的喜怒哀乐时常牵着我的内心，我喜欢现在的自己。"

4

　　你就是你，做自己喜欢的事，去实现一个别人无法理解的梦想，但这又有什么呢？只要你遵循着自己的内心走，可能工作辛苦不太体面，可能生活不太顺意，可能对象并不太有钱，可能……但至少你有勇气面对，你活得开心快乐，这就够了。

　　放下别人对自己的评论，多花一些时间和心思取悦自己，我们活着，不是要活给别人看的，活着最终的意义，是用自己喜欢的方式，度过这一生。

　　这世上的人有千万种，你要成为那个自己喜欢的自己，因为这才是你最美的样子。

　　要相信，我们都是颜色不一样的烟火，何必去在意别人的说辞，做好你自己无须多解释，在你独有的时区里把生活过得风生水起。

　　活成自己喜欢的样子，那是一种美好。如果你对现在的生活状态不满意，也许是因为你还没有找到自己真正想要的。勇敢活出本真的自我，不攀附、不将就，把生活过成你想要的样子。

每个人都是独一无二的

1

前几天，好友格子更新了一条朋友圈："我所有的决定都是因为自己愿意过这样的生活，与别人没有半点关系。"配图是她开怀大笑的样子。

在朋友的眼里，格子是一名特立独行的女孩，她不喜欢刻意的合群，也不喜欢按部就班的生活，她特别喜欢旅行，享受那种在旅行的过程中感受自然所带来的惬意。所以她辞去了年薪几十万元的工作，去了一家旅行的杂志社，虽然工资没有以前高，但可以借着写作的名义全世界跑。格子说："美好的自然让我心情舒畅，这就是我要的生活方式。"

这两年，更是因为新媒体的大热，格子给各大新媒体供稿，收入大增，远远超过了以前工作的收入，让周围人刮目相看。格子的生活令人羡慕不已，但很多时候，我们总是太在意别人的眼光，总想按照别人的要求去生活，会因为别人的一句话而做一些无谓的改变，让自己陷入恐慌之中，明知道这不是自己想要的生活，却还一直苦苦坚持。

即使读了很多书，我们也会对未来充满焦虑，不知道自己能做什么。

我们可以迷茫，也可以彷徨，但绝对要独立思考，不轻易因为周围的环境改变自己，尤其是当我们心中已有目标的时候。

当你遇到困惑时，可以先停一停，人生永远是做减法而不是做加法，清空一下你的头脑，先确定自己有什么？而不是人云亦云经常改变，别人的生活方式不一定适合你，你自己的生活方式对别人来说可能是一个笑话。

但是，这有什么呢，你只需要按照自己的人生轨迹走，即便是会走一段弯路，但至少不会让自己的人生后悔。

找到自己，以自己喜欢的方式生活，这不是自私而是自尊自爱自重。

2

朋友若男从小是一名乖乖女，父母恨不得二十四小时守在女儿身边。若男大学刚毕业，就被妈妈安排相亲，她妈妈觉得女孩子终归要嫁人，有个大学文凭就是为了提高嫁人标准。

但是这一切都不是若男想要的，她想去大城市工作，却没有离开父母的勇气，就这样若男只好按照父母的想法开始了自己的人生，二十三岁结婚，二十五岁生孩子，二十六岁的时候丈夫竟然出轨了，不仅如此，还嘲笑她一点儿风情都没有。

若男结婚生子都是听从父母的建议。就连离婚这种事，都需要经过父母的同意。她过得很苦闷，就像没灵魂的木头，父母让她不要离婚，孩子还小需要父亲，万般无奈的若男只好原谅了出轨丈夫，每天都感到很痛苦。

若男对我说："我想换一种活法，再也不想因为别人而改变自己。"我说："你早就该这样了，这一切都是你自己造成的。"

哲学家斯宾诺莎曾说："谋求自己的利益是美德或者是正当的处世之道唯一重要的基础。"做人最核心的事情是成就自己的人生。

从一开始，若男就让别人安排自己的人生之路。她习惯了做木偶，若男只要一说离婚或者去别的地方生活，她的父母就开始干涉，这种捆绑式的亲情威胁，最终让若男忍无可忍，她选择了离开。若男说："如果我不离开，那么我会每天像怨妇一样生活，真不知道活着的意义是什么。"

3

英国小说家布尔沃·利顿曾说："保住你所拥有的，争取你所得到的。"按照自己喜欢的方式生活不叫自私，照他人喜欢的方式生活才叫自私。从来没为自己活过，一辈子做他人傀儡的人，注定一生不快乐。

只是在生活中，有多少人能做到不会因为别人而改变自己。你去买一件自己喜欢的衣服，当朋友们说这件衣服不好看时，你就会怅然若失，感觉自己白花了钱。但是从一开始你的出发点就错了，买衣服是为了取悦自己，而不是取悦别人。

每个人的人生之路都不一样，不必非得让自己走相同的路。

朋友紫苏跟格子一样也喜欢旅行，因为经费有限，她只好选择穷游，每到一个城市会在那里住上一阵子，打一份零工，为自己的下一站准备路费，她的朋友圈里到处都是旅行的照片。

对于她这种旅游方式，很多人表示不理解，我曾经问过她，紫苏说："我感觉这种生活方式挺适合自己的，这至少让我感到快乐，再说我为什么要因为别人而改变自己呢？"听完她的话，我无言以对。

人生的快乐本来就是活在当下、享受当下，如果别人眼中的生活不会给我们带来丝毫快乐，那么我们就要试着改变了。

4

著名影星安吉丽娜·朱莉，就是一个不轻易改变自己的人。

她的美很有侵略性，嘴唇厚厚的，目光挑逗又坚定。她身上有多处文身，其中一处写着："养育我的东西，也毁掉了我。"

她有过三段婚姻。在其中一场婚礼上，她只是穿着黑色皮裤和白色T恤，在白色T恤上，她用自己的血写下了新郎的名字。

在《移魂女郎》中，她饰演了一个长期住在精神病院里的疯女孩，抽着烟，头发凌乱，无所畏惧。有些瞬间，那个女孩很像朱莉本人。

在狂野的外表下，她是六个孩子的母亲，有着很柔软的一面。她坚持着一项原则：把赚到的钱分成三份，一份花掉，一份捐出，最后一份存留。

她说："这种不同的生活让我感到快乐，我就是要做最快乐的自己。"

我们的人生并不完美，不是没有一份好工作，就是恋情出了问题，或是没有按时结婚，对比别人的人生难免会有些沮丧。我们总喜欢把别人的生活当成范本，却没有更多的精力和时间来追求真正适合自己的生活。

与其羡慕别人完美，不如按照自己的方式生活，不因为别人的意见而改变自己。人生没有范本，每个人都是独一无二的，我们要做的是成就自己最好的人生。

守住初心，
把日子过成诗

1

L是大家公认的音乐天才，她不仅长相出众，而且从小就拿下了各种音乐比赛的大奖，立志要在音乐方面做出一番事业。她考上了音乐学院，还曾在校期间做了某明星的伴唱，一时风光无限。只是没想到，大学毕业后，她竟然成了一名普通的白领。

有一次，和L一起吃饭，我笑着问她怎么不做音乐了。L笑了下，然后说："朋友们说做音乐没有什么前途，也不能当饭吃，要想成名简直太难了。"她觉得朋友们说得有道理，就干脆放弃了。她说得轻描淡写，但可以看出，她谈到这个话题的时候，还是有点躲闪。

确实，把梦想变成事业是一件很难的事情，有些人是因为生活原因而搁浅了梦想，还有些人是怕吃苦，承受不了在这个过程中带来的压力……

L属于后者，她的家庭状况不错，在追逐梦想这条路上，父母一直尽力支持，但这却让L有了前所未有的压力，她怕自己最后一事无成，沦为笑柄。

当看到身边唱歌的朋友最后都很落魄后，L的内心发生了剧烈的动摇，她受不了这一路走来的荆棘，所以干脆放弃了。不忘初心方得始终，这是路人皆知的道理，但实行起来却非常难。

二十几岁正好是我们折腾的年龄，谁也不知道未来会怎么样，只是凭着自己的直觉去感受，在这条充满风雨的路上，有几个人可以走到最后呢？

别人看似满满"善意"下的建议，让我们产生别人是为了自己好的错觉，会觉得安稳比闯荡不值得。你没有试过过程，又如何知道结局呢？蚕破茧成蝶虽痛，但蚕绝对不会因为这份痛而放弃变成蝶的机会。

2

人生之路很短，我们总要折腾几次，即使失败了，也不枉自己初心一场，对得起曾经的梦。

我问L有没有后悔过，L说："当然后悔，总觉得自己的人生有了一份遗憾，却不知道该怎么去弥补。"

其实，很多人都渴望成功，都想在聚光灯下发出耀眼的光芒，很少有人会喜欢这个不忘初心的过程。取得成功固然重要，但在这条路上所受的快乐也值得回味，初心的价值并不能用最后的结果来衡量。

我劝L继续曾经的梦想，但L说："有些东西放下了，再也拾不起来，不是不想而是不知道该怎么做。"对于她的说辞我完全赞同，当数不清的烦心事扰乱心间，我们很难静下心来完成曾经的初心。

每个人的一生或多或少都会充满遗憾，有些遗憾或许会一辈子与你如影随形，二十几岁充满青春活力，你总要学会做梦，哪怕根本无法实现，仍是属于你青春的印记。

L说："太多的顾虑会让一个人失去初心，害怕自己的努力一无所有，害怕这个过程成为别人笑柄，日子过得没有丝毫乐趣。"我笑着说："是呀，我曾经想学吉他，但后来不得已搁浅，总觉得时间很早，但殊不知十年不过是匆匆一瞬。"

3

朋友H是一家房产策划的经理，策划工作非常忙，忙起来甚至经常素面朝天，连妆都没时间化。但我知道她的初心并不是做这个，H一直喜欢写作，她会把自己仅有的时间用来练习写作。

我问过她为什么要这么拼，H说："谈不上拼，工作是我的重点，毕竟我要养活自己，但是写作是我的初心，我不想等到暮年让人生再多一个遗憾。"H从来没指望写作赚钱，所以她写得比较快乐。

然而，幸运总会悄然光顾一个努力的人，H写的长篇小说深得出版社编辑的喜欢，这本书很快付梓出版。得到这个消息后，H说："我从未想过，只想我手写我心，不让自己遗憾，这个过程让自己充满快乐。"

守住初心的人，才能把日子过成诗，因为少了一些欲求，自然而然会获得一份快乐，这份快乐即使你到暮年，想起来也会无比开心。

我羡慕H的生活，虽然我也知道H所受的委屈。为了创作小说，H曾经连续一个月只往返于单位和家之间，哪儿也不去，父母为她的婚事着急上火。有一年春节更是扬言不出去相亲就分家，但H一直默默地忍受，她觉得只要能一直做自己喜欢的事情，这些委屈完全可以忽略。

当你能真实地面对自己，当你能体味初心带来的快乐时，这所有的一切就是你一辈子的财富。

4

纳兰性德说："人生若只如初见。"在这个时代，初心常常被我们遗忘，我们已经走得太远，以至于忘记了出发的目的。当回过头来寻找时，却发现一切都已物是人非。

你只有走过弯路，才更确信当初自己最想要什么，人生中真正重要的不是生命里的岁月，而是岁月中的生活。

流光容易把人抛，红了樱桃，绿了芭蕉。曾经莫失莫忘，后来梦里花落，只是在无情的岁月中有多少人能做到闲看庭前花开花落。生活里忘了初心就失去了原本的美好，爱情里忘了初心就草率地把自己嫁掉，只是这一切根本不是你想要的，是你让自己心力交瘁。

著名作家林清玄说："回到最单纯的初心，在最空的地方安坐，让世界的吵闹去喧嚣它们自己吧！让湖光山色去清秀它们自己吧！让人群从远处走开或者自身边擦过吧！"

人生只有一次，生命无法重来。经常回头望一下自己的来路，回忆起当初为什么启程，只有这样你才会让自己变得快乐。

懂得审美，
生存才会变成生活

1

木心说："没有审美力是绝症，知识也救不了。"

各花入各眼，每个人都有自己对美的认知，但如果没有审美习惯，就会错过很多美好，生命会慢慢变得贫瘠与无趣。

美学大师朱光潜曾经说过："审美是情趣的活动，审美的生活也就是情趣丰富的生活。"

人可以分为两种，一种是情趣丰富的，对于许多事物都觉得有趣味，而且到处寻求享受这种趣味；一种是情趣干枯的，对于许多事物都觉得没有趣味，也不去寻求趣味，只终日拼命和蝇蛆在一块争温饱。

情趣愈丰富，生活也愈美满，所谓人生的艺术化就是人生的情趣化。

懂不懂得审美，又是否有一颗向往美的心，实则是关系我们人生境界和生活目的的大问题。

2

徐悲鸿的儿子徐庆平，曾在欧洲留学，有一次他去卢浮宫参观。

当时，有一群七八岁的法国孩子由女老师带领，和他一起进去参观。

进去时，他听到老师对孩子们说："孩子们，你们要仔细看，然后给我讲一讲，希腊罗马式建筑的美和哥特式建筑的美有什么不同？"

这给徐庆平的震撼非常大，一群七八岁的孩子对美又会有什么概念呢？但老师却让他们学习，并说出它们之间美的区别。

徐庆平深切感受到：一个伟大的民族一定是一个懂得审美的民族，而一个人如果不懂得审美，那他注定是一个有缺陷的人。

审美不单单是画画的技能，而是对美的事物的感知力、创造力。

说到底审美是一种自律，不人云亦云，能独自感受到美。

美的东西对人有一种天生的吸引力，只要你主动地去接近它们，给自己提供一个相应的环境。

听古人的雅乐，泛读书籍，欣赏大师的绘画，平凡的生活中也要有自己独特的审美格调。

当年苏东坡因乌台诗案被贬黄州，仕途失意，"几经重辟"，惨遭折磨。

面对人生的失意，苏东坡寄情于山水，在长江的美景间流连忘返，写下了《赤壁赋》这样的千古名篇。

"惟江上之清风，与山间之明月，耳得之而为声，目遇之而成色，取之无禁，用之不竭。是造物者之无尽藏也，而吾与子之所共适。"

你看，苏东坡在美中得到的不仅是心理上的一种慰藉，更是人生境界的一次升华，一种与天地精神往来的生命体验。

美学家蒋勋说过一句话："一个人审美水平的高低，决定了他的竞争力水平。因为审美不仅代表着整体思维，也代表着细节思维。给孩子最好的礼物，就是培养他的审美力。"

说审美是一种奢侈的自律，本质上就是对好坏的取舍，对美丑的过滤，是让你在充满迷惑的世界，确定属于自己审美观。

如果一个人有幸接触过真正美好的事物，这种美好会潜移默化地在他心里生根发芽。变成他对生活的品质要求，不管他在哪里，从事什么职业，这种美好都会伴随他一生。

懂得审美，就会有不一样的眼界。

3

美学家张世英说："人生有四种境界：欲求境界、求知境界、道德境界、审美境界，审美为最高境界。"由此可见，懂得审美是最难的。

外表的美只能取悦人的眼睛，也就是说会从你的感官出发，这种美特别感性，你看到了什么就是什么。但真正的美来自灵魂的思考，也只有一个懂得思考的人，才会更有审美力，要保持持续性的思考，那就需要自律。

泰国有一部催泪短片《再也回不来的乞丐》。

有一位店铺老板，他的店门口永远躺着一个乞丐，怎么赶都不肯走。老板嫌弃乞丐又脏又晦气，每天都会对乞丐拳打脚踢，泼冷水、扔瓶子，想赶走他。后来，乞丐终于如老板所愿消失了，据隔壁邻居说，那个乞丐死了。

看到这里，我们和老板的态度是一样的，这个乞丐太脏了，跟美没有半点关系，整天待在这里还影响做生意。如果这么评判，我们就失去了审美的能力，没有去思考乞丐为什么会待在这里。

后来，老板调出监控，这才发现，在他看不到的时候，一直是乞丐在帮他捡起店门口的垃圾，阻止准备在门口撒尿的醉汉，而消失的前一夜，乞丐因为阻止两个小偷偷东西，倒在地上再也没起来。

这个时候，你能说乞丐不美吗？比起他邋遢的外表，他的灵魂显示出了人性中最美的一面。

多读一些好书，遇到问题能多冷静思考，不以外貌来评判一个人，时间久了，你一定会形成很棒的审美能力。

那个时候，你不会因为生活而影响自己审美的心情，就像王小波躺在草地上放牛的时候，为生命之美写下的句子："那一天我二十一岁，在我一生的黄金时代，我有好多奢望。我想爱，想吃，还想在一瞬间变成天上半明半暗的云。"

　　这份心境，就是一个人最奢侈的自律。

活在朋友圈里，
你就丢掉了自己

1

纽约大学商学院教授亚当·奥尔特在《欲罢不能》一书中说，自智能手机产生以来，大约一半的人对其很上瘾，这个数字还在增加。

他最近的调查显示，美国孩子每天在屏幕前花费五到七个小时。21世纪以来，屏幕之外的玩耍时间下降了20%。大多数孩子沉迷电子产品，尤其是智能手机。

前段时间，报社做了一个调查，有接近50%以上的智能手机用户每天使用手机二到四个小时，其中25%的人盯着手机的时间超过四小时。几乎一半的人说，他们忍受不了没有手机的日子。

而在我们国内，这个比例更大，有研究证明，在中国智能手机的用户有80%都在刷朋友圈，他们每天会把大量的时间浪费在朋友圈里。

在朋友圈里看励志的鸡汤，做长久的规划，但到最后都是一场空。

有很多人发一条朋友圈，就想让自己的朋友帮忙点赞，期待会被大量转发，因为这个他们不停地查看手机。因此，我们就会把大量的时间浪费在朋友圈里。

很多聪明的人不会在朋友圈里发任何东西，也不会转发、评论、点赞别人的朋友圈，因为他们知道时间的宝贵。

2

很多人只要手头闲下来，便习惯性地打开朋友圈刷一番，我觉得这个瘾每个人都要戒掉，因为这没有丝毫意义。

同事小美是个朋友圈控，经常有事没事就拿出手机刷。有一次，我好心提醒她，没想到小美说："你懂什么啊，像你这种对生活没有追求的人怎么会知道刷朋友圈有多爽呢？"

讲真，小美的回答让我有些哑然。因为在朋友圈里我真的看不到生活的样子，我看到的是大家彼此的相互抱怨、相互猜忌和相互吹捧，看到他们失去了生活原本的样子。

由于经常刷朋友圈，小美的眼睛经常疼，每晚都会匆忙地吃个饭，洗个脚，然后躺在床上开始看朋友圈，几乎看到午夜，第二天在睡眼惺忪中继续重复昨天的生活。

因为不停地刷朋友圈，小美在工作中屡次出错，最后老板毫不留情地把她开除了，她受到了惩罚。

诚然，刷朋友圈已经成了我们生活的一部分，但这世上有很多人把这一部分当成了全部，如果不刷朋友圈，就会浑身不自在，仿佛中了毒。

但你要知道朋友圈里根本没有你想要的东西，它只是无情地吞噬着你的健康，让你的生活方式杂乱无章，找不到人生的意义。

3

如果不整天对着手机刷朋友圈，那么我们能做什么？

去年，我采访一位年轻的企业家，在聊天的过程中，我们偶尔谈到了微信朋友圈。我问他经常刷朋友圈吗？他笑着说："我不会把时间浪费在无聊的朋友圈里。"

他说："我平常很忙，有事就给朋友们打个电话，没事情大家都各忙自己的。"后来我才知道他的生活与朋友圈没有半点关系。

每天早上，这位企业家会在六点起床，坚持跑五公里，然后美美地吃一顿早餐；上午，在公司里处理一些文件，闲暇时，会坐在椅子上稍微休息一会儿。

晚上吃完饭后会和妻子一起散步，回家躺在床上看一会儿书，生活真是规律得让人羡慕，因为经常锻炼和休息到位，他的身体非常好，思维也非常活跃，在同龄人当中成了佼佼者。

当我起身告辞的时候，他笑着说："朋友圈里的生活是虚幻的，我们总要活在现实中。"

同事乔安去年拿到了美国一所著名大学的offer，这确实让我们很惊奇，因为她和我们一样按部就班地上班，平常根本没有多少时间。

后来，我才知道她下班会给自己不停地充电，在提高英语水平的同时准备各种申请材料。在大家刷朋友圈的时候，她在给自己镀金。

她说："现在荒废的每一个瞬间，都是自己的未来，我要用自己没有荒废的每一个瞬间，去换取自己更闪耀的未来。"凭借这份努力，她终于得到了自己想要的结果。

4

2014年，弗吉尼亚大学的心理学家做了一个实验，让学生在一间空荡荡的房间里安静地坐十五分钟，或者选择接受有点疼的电击。

让人大跌眼镜的是大部分学生竟然都选择了电击，有的人还反复弄疼自己。研究者概括说，大部分人更喜欢做点事情，而不是无所事事，哪怕是做点负面的事。

法国哲学家帕斯卡说："人类的所有问题都源于人不能独自安静地坐在房间里。"很多时候我们宁愿在朋友圈里吐槽，也不愿忍受一秒钟的无聊。

因为无聊，我们经常刷朋友圈，等和别人拉开差距后，我们便会抱怨未来的不公平，明明自己非常努力，为何还与别人存在很大的差距，我想导致这种差距的，应该就是你刷朋友圈浪费的时间。

　　如果你有工夫在朋友圈看鸡汤，还不如去认真读一两本名著，做几件踏实的实事，系统性重塑一下世界观，或许会大大提高过好这一生的概率。

　　聪明的人会珍惜当下美好的时光，而不是把生活的意义寄托在虚拟世界里。不再让自己深深地依附于朋友圈，世界还很大，你要学会出去走走。

　　与其疯狂地刷朋友圈不如学会过一种更健康的生活方式，我相信精力充沛的你一定会更加闪闪发光。

学会投资自己，
才会有无限可能

1

我经常羡慕朋友小玲的生活，她今年已经三十一岁了，还没有结婚，但是通过她的样子完全看不出她的真实年龄，白白的皮肤，性感的身材，让很多女孩心生羡慕。

她每天会喝补品，而且也经常会去美容院做保养。她工作赚的钱全部都投到了自己身上，虽然没有多少钱，但她活得比任何人都精彩，她把自己对保养的心得和方法，当成了自己的事业。

每次见面，小玲就会说："钱不重要，重要的是我的青春，时间过去了，再多钱，也补不回来。所以我现在要加倍努力维持年轻状态。"

我赞同她说的这句话，小玲从来都不觉得自己三十一岁还单身是一件很丢人的事，她并不觉得自己是一个剩女。她懂得爱自己，不委屈自己，所以她让自己活得十分精彩，真正被人珍惜、重视的女人，从来都是对自己大方的女人。

小玲闲暇时，会看看书，她说："女孩子养颜虽然重要，但是养心更重要，一个懂得内外兼修的女人，一定会活得热气腾腾。"

有很多其貌不扬的女孩在岁月里突然像催生的花，刹那变得芬芳四溢，那是因为她们懂得投资自己，让自己闪闪发光。

如果一个女人投资的是她自己，那么她一定会很顺利地收获真正属于自己的事业和爱情，只有当自己处于一个最好的姿态时，才会有好男人踏着七彩祥云来爱你。

2

朋友周姐结婚后，把所有的重点都放在了老公身上，对自己非常节省，她总觉得只要照顾好自己的男人，生活就会充满幸福。

她从来不给自己买化妆品，对自己要求非常苛刻，她一直觉得做一个勤俭持家的女人才是最重要的。她经常买便宜的地摊货，但老公穿得一直非常体面，她完全依附这个男人生活。

有时候，我想改变她的价值观，但这一切都是徒劳的，她沉浸在自己的世界里无法自拔，正当她以为这份幸福会一直长久时，老公却出轨了。

如果一个女人在婚后一直依附自己的男人，那么之后的几十年里，她将不断求着这个男人不要离开自己，在婚姻里没有丝毫地位。

3

前一段时间，电视剧《我的前半生》热播，通过这部剧，我们也看到了女人投资自己的重要性。亦舒说："结婚与恋爱毫无关系，人们老以为恋爱成熟后便自然而然地结婚，却不知结婚只是一种生活方式。"

婚姻生活的双方必须势均力敌，两人才能保持在同一平面，有交叉的可能。一方走得太快，就会把另一方给甩掉；一方跟不上另一方的脚步，就会被另一方远远落在后面。

女人要活得强大，就要学会投资自己，只有投资自己才会闪闪发光。

永远不要依附男人，要学会投资自己，男人给你的只是锦上添花，靠青春漂亮改变命运的时代已经成为过去，唯有让自己变得越来越棒，才会牢牢地抓取男人的心。

如果你没有强大的底气，连卖萌、撒娇都会让人感到丑陋，想要别人高看你一眼，你必须拿出应有的姿态，这才是一个女人的王牌。

"我负责赚钱养家，你负责貌美如花"，这句话曾一度很流行。《喜剧之王》中周星驰的一句"我养你啊"，不知看哭了多少懵懂少女。

我们不否认男人愿意养你的真心，但是从你选择让他养的那一刻起，必然就要承受来自他的管束，不要天真地以为赚钱是男人的事，也不要以为男人对你的承诺会永远不变，否则当婚姻走到尽头时，你连离婚的底气都没有。

有句话说："跟你在一起固然重要，但是离开后我也不差什么。"与其想尽一切办法抓住男人的心，还不如让自己变得更好。

4

有一种女人，她们没有自己的事业，只想着勤俭持家，把日子过好，自己大部分时间都用在老公和孩子身上，完全没有自我，时间久了，她和老公的差距越来越大，感情也变得很脆弱。

聪明的女人绝对不会这么做，她们懂得投资自己的重要性，她们会尽力把工作做好，因为她知道，这些是让自己经济独立的基础。

投资自己的女人不会依附男人而活，她们会给自己无限可能。

她们愿意在能够使自己更美好的事物上投入精力，努力保持自己的青春靓丽。

5

一个女人总要失落一次，才能明白心之所向；一个女人总要难过一次，才能知道生活有多难。当你经历过迷茫、争吵和落寞后，一定会懂得投资自己的重要性。

我们曾天真地以为，每时每刻都能有人依靠，后来才知道，没有谁能一直陪在身边，即使是影子，也会在黑暗时离开。

这世上能掌控你的命运和心情的，只有你自己，你如果微笑面对，世界自会温柔待你，你如果伤心流泪，世界定会充满黑暗。

学会投资自己，学会控制自己的情绪，只有这样你才会活得更加精彩。

闲暇时，可以读一本有思想的书，借此来丰富自己的内涵，时间久了，你看世界的角度自然就会不同。

让自己不再为小事而发脾气，不与别人斤斤计较，活得淡泊，活得宁静。不仅学会养颜还要学会养心，这才是一个女人的最佳状态。

生活不止眼前的苟且，
还有诗和远方

1

人生总要来一场说走就走的旅行，趁着年轻，背起行囊，去世界各地体验下不同的人生，冒险并不仅仅是男人的专利，只要你愿意，也一样可以开启一次冒险之旅。

朋友琴今年二十九岁，没结婚也没男朋友，房子和车子都是自己买的，每年她都会来一次自驾游。朋友劝她不要再疯玩了，是时候找个男朋友结婚过日子了。每当这时候，琴就说："这不是我要的生活，再说我还没玩够呢，趁着年轻，我要多出去转转，身体和灵魂总要有一个在路上吧。"

时间长了，大家便不再劝她，虽然我们嘴上希望她找个男人嫁了，但是心里却非常羡慕她的生活。女人结婚后，便再也不会有太多的时间，旅行似乎成了一件奢侈的事情。

琴每年都要去很远的地方，在路上邂逅一些陌生人，他们玩得非常高兴。她说："在被婚姻束缚之前，我要好好地享受自由。"

在旅行的过程中她可以毫无顾忌地释放自己，把自己最美的状态展现出来，在旅行的过程中学到很多东西，琴说："独自旅行很锻炼独立能力，当你遇到事情没人帮你时，你总会想尽一切办法来解决。"

2

世界上最遥远的距离是你心里装着海，眼前却是电脑。平淡的生活总有着一样的规律可循，可是疯狂的人生却有千万种，你最需要的并不是名牌的包包，而是一次浪漫的旅行。

同事丽最近很郁闷，相恋四年的男友说分手就分手，她甚至还没回过神来，男友已投入另一个女人的怀抱。她每天在抱怨中工作，独自一人时会难过地抽泣，她问我该怎么办？我说："什么也别想，去独自旅行吧，在旅行的过程中你会发现这些烦恼简直不值一提。"

如果一个人每天坐在格子间里毫无朝气地上班，冬天感觉不到寒冷，夏天感觉不到燥热，一年四季似乎都是一个温度。虽然手指不停地敲打着键盘，但心里却想着外面的世界有多么美，我觉得这样的工作没有丝毫意义。

你还年轻，要学会在路上成长，生活中我们会遭遇一些意想不到的烦恼，但这能代表什么？我们完全可以挥一挥衣袖来一场说走就走的旅行。旅行并不是一味地买买买，而是在大自然中放飞自己的灵魂。

世上所有的坚强，其实全靠硬扛

旅行会让你重新认识自己，当你独自旅行时，你会因为经历过的事情而成长。你会发现自己是多么的坚强勇敢，你会花足够的时间与陌生人聊生活，你会更清楚自己未来的发展蓝图，你会更爱自己，因为你知道这个世界有多么爱你，你会不再执着于过去的小事而专注于眼前的每一刻，因为一个人时你才会明白自己有无限可能。

3

L是我的大学同学，她喜欢旅行，每次都是带着极少的行李，奔走在世界各地。她漂到喜欢的地方，就会把这个地方当成临时的家。

在很多女孩子担心爬山会不会很累，在海拔高的地方会不会有高原反应时，她早已看遍了很多美景。她还一个人去了南极，她觉得这一切都很轻松，仿佛自己去南极是很轻松的事情。

L喜欢独自旅行，无论是贫民窟还是热带雨林，无论是遥远的南极还是难走的海峡，她从来没有说过危险，当闺密们讨论旅游攻略和危险程度时，她独自一人开始了新的旅行。

朋友说L就知道疯玩，三十多的年纪应该考虑结婚生子，考虑未来的生活了，但是L似乎并没有考虑这些问题，她依然走在世界的每个角落，她不着急爱情，更不着急婚姻，她说："我会用最好的姿态迎接陪我看日出日落的那个人。"

后来，L找到了一个愿意陪她浪迹天涯的人，他们依然居无定所，但L并没有觉得有什么不对，她说："能做自己快乐的事情是幸福的，很庆幸我能一直这样幸福下去。"

旅行可以让一个人开阔视野，找到全新的生活方式，也是对自己最有价值的投资。

4

参加工作后，我一直很少出去旅行，一方面时间不允许，另一方面经济水平也达不到。时间一长，我找不到工作的动力，经常感觉很压抑，而且变得非常易怒，别人无心的一句话就能莫名戳中我的爆点，各种烦躁让人郁闷。

后来，妻子建议我们出去旅行，我说："生活都困难，谁还顾得上诗与远方。"妻子笑着说："旅行会改变你，它会让你找到新的快乐。"妻子很快订好了飞往云南的机票，当流连于美景中时，我把很多烦恼都抛到脑后，心情格外舒畅。

不论是美丽的丽江古城，还是有浓郁人文气息的大理，都让人心旷神怡，当我第一次登上海拔四千多米的玉龙雪山时，终于感受到了征服的快乐。

其实，旅行也是对自己的投资，一个人只有心情舒畅了，才能更好地投入工作中。在人生中，我们之所以要做一名旅行者，是为了让自己更加优秀，让自己的余生不会有遗憾。

既然我们还年轻，那么就一定要多旅行。

不论你是开阔眼界、结交朋友，还是放松心情，都要看看这未曾见过的世界，弥补自己的缺憾。看看别人的生活，反思一下自己想要的人生，一路上所接触的一切都足以让你用另一种眼光重新审视自己，让你知道接下来的路怎么走，让你重获新生。

如果可以，那么就多旅行吧，我相信你一定会从中学到很多东西。

不要仰望别人，
你的幸福刚刚好

1

有位姑娘给我留言："林老师，我不仅丢了工作还丢了爱情，感觉幸福和我就是绝缘的，真不知道该怎么办。"

这位姑娘说："真羡慕身边的朋友，他们不仅工作顺利，而且恋情美满，我却什么都没有，有时候觉得上天不公平，为什么我拼命追逐这一切，到头来还是竹篮打水一场空？同事牛牛毫不费力地就获得了这一切，真不明白这是为什么。"

看完她的留言，我并没有很快回复她，一直以来我也在思考一个问题，到底什么样的生活才算幸福？

由于每个人对幸福的定义不同，所以答案千奇百怪，很显然这位姑娘的幸福就是有一份美好的爱情，有一个稳定的工作。如果单纯用这些来衡量，那么这世上多半是幸福的人。

其实，幸福应该是呈阶梯状的，随着年龄和生活水平的提高，我们对幸福的要求也在逐渐提高。

世上所有的坚强，其实全靠硬扛

其实，幸福是一个过程并不是一个结局，白岩松曾说，幸福是内心的一种选择，它与别人没有关系。

如果整天一副丧气的样子，这样的你恐怕自己都讨厌。幸福很简单，它会在不经意间来到你的身边，这一切完全取决于你的心情，当你冷静下来后，会突然发现你自己要求的幸福刚刚好。

如果整天沉迷于羡慕嫉妒恨，在这个过程中，你一定会丧失自己的幸福感，一味地攀比只会让自己被狠狠地踩在脚底，甚至再也没有翻身的机会。

2

两年前，我在上海的一场媒体推介会上认识了一位女孩苏，听朋友说苏是一位很拼的记者，她简单的装束显得非常干练，脸上有一股刚毅之气。

闲聊时，我才知道苏是一位有故事的人，她前段时间因为突发疾病差点命丧黄泉。我笑着说："为什么不停下来好好享受幸福的生活，这样拼下去有什么意义？"

苏笑着说："我也不知道意义在哪里，但是做这份工作我的内心会充满幸福，我很享受这个过程。"

相对于别的姑娘，她懂得自己想要什么，所以一直在坚持自己的内心，也许别人不会看到她的幸福，但是她永远是一个快乐的精灵。

幸福没有可比性，每个人对幸福的要求不一样，自然不会有相同的感受，我一直觉得在合适的年龄做合适的事就是幸福，无论结果如何，至少我们要学会享受这个过程。

　　我对留言的这位姑娘说："这一切都不是问题，你要学会感恩生命中的小确幸，因为这一瞬间也会充满幸福，在慢慢的改变中重新生活，请相信所有的一切都会悄然而至。"姑娘发了一个俏皮的表情，表示一定会努力加油。

3

　　当我们步行的时候一定会羡慕骑电动车的，当我们骑上电动车后又羡慕开车的，如果一直要攀比那么肯定不会幸福，只是在这个过程中，我们忽略了太多，我们忘记了自己步行可以看更多美丽的风景，而开车的只能匆匆一瞥，如果从这个层面来理解，我们要比他们幸福得多。

　　幾米说，一个人总是在羡慕和仰望别人的幸福，一回头，却发现自己正被仰望和羡慕着，其实每个人都是幸福的，只是你的幸福常常在别人眼里。

　　二十几岁的年纪，我们会羡慕别人事业有成，有车有房有钱有时间。总觉得别人的生活就格外幸福，一帆风顺。

　　其实，我们被表象迷了心境，我们不会知道别人背后的艰苦和辛酸，也不会知道别人流过的汗水、受过的委屈、熬过的日日夜夜，我们看到的只是结果而忽略了过程，才会抱怨命运的不公平，觉得自己不幸福。

　　但你不知道，有多少人在羡慕你，羡慕你年轻漂亮、充满朝气，他们即使踮起脚也无法仰望，只是你从来没有感受到，误以为自己才是那个世界上最不幸的人。

　　所以，无需对别人的幸福羡慕和仰望，你自己的幸福已经刚刚好。

4

　　幸福，两个美好的字眼令人向往。有人在追逐梦想的时候，渐渐觉得找不到自己的幸福了，然后就真的不幸福了。其实幸福一直在你眼前，只是你不善于发现而已。

　　你要记住，幸福有时候不能拥有，也无法比较，就像有人锦衣玉食，有钱有闲却不幸福；有人虽然清贫，却在心境踏实平和中体会了满满的幸福。

　　我们为什么觉得别人更幸福？这是因为我们与别人的生活比较时，眼睛总是向上看，参考系数总是最大化，以仰望的姿态，参考那些至少看上去比我们幸福、快乐的人。若这样把自己圈进死胡同，无限抬高底线，逼迫自己就范，承受不应有的烦恼，生活还有什么意思？

　　活在人世间，没有谁的生活是值得我们羡慕的。我们要做的是按照自己的人生轨迹生活，我们不可能成为别人，别人也不可能成为我们。

　　就像这世间没有任何两片相同的树叶，幸福与幸福也不尽相同，没有一个人的生活会和别人重复，在你的世界里做好自己即可。

PART 5
那些打不倒你的，
终将会成就你

你要有野心，
才会更有魅力

1

知乎上有一句话："一个人只有狠狠地逼自己一把，才能更加优秀。"对于这句话，我非常同意，逼迫自己实际上就是野心的一种体现。如果你想得到某个结果，那么一定会努力地去做，不会给自己留下遗憾。

有野心的人，基本都取得了辉煌的成功，而没有野心，做事犹犹豫豫的人始终在原地徘徊。

朋友孙莉是个有野心的女孩。大学毕业后，孙莉顺利地成为一名人民教师，对于这个职业，家里人非常满意，刚开始孙莉还有些激情，但最后激情却被安逸磨平了。

她说："当一个人成年累月地重复一种单调的生活时，内心也不会再有渴望。"为了摆脱这种局面，孙莉提出了辞职。父母知道这个消息后大发雷霆。父亲说："真不明白你是怎么想的，放着好好的工作不干，偏偏要辞职创业。"

为了摆脱家里的干扰，孙莉只身一人来到了上海，由于自己写作功底不错，她便开始做起了新媒体，刚开始她只是把自己的一些感受与大家分享，后来慢慢地聚起来一些粉丝，因为文章内容能够引起大家的共鸣，粉丝很快破百万。她现在在圈内小有名气，赚钱能力也非常强。

孙莉说："我经过了一个低谷期，有时候我们虽然羞于谈钱，但是钱确实能在某一刻衡量一个人的价值，如果我现在还是老样子，肯定会后悔自己当初的冲动。"

现在，她把父母接到了上海，父母也不再说她辞职的事情，而是对她现在的事业给予了全力的支持。

2

野心不仅仅是一腔说干就干的热血，而是对自己的事业进行了长久的规划，经过充分考虑后做出的慎重选择。有野心的人即使失败了，那也是暂时的，因为他们不安于现状，只要有充分的条件，他们一样会再次攀上事业的高峰。

从小，我们就被灌输要脚踏实地，只要认真一步步地来，一定会得到这个世界的认可。可是这个过程太过漫长，有时候甚至穷尽一生也不会实现。

虽然有时候，我们会对一件事倾尽自己的所有，但结果往往不尽人意，我们所有的努力在别人看来不过是一种重复，根本无法实现自己的价值。

在人生的道路上，当一个人有野心的时候，他会全力以赴，即使前进的道路上困难重重，他也会笑着走下去。

3

有野心的人一定会去争那顶原本就属于自己的皇冠，他不会给自己任何停滞的机会。

著名作家张爱玲就是一位有野心的人，她说过一句经典的话："出名要趁早！"她刚开始写小说时并没有得到社会的认可，但是张爱玲太想让世界认可自己的文字了。

在这个野心的支撑下，她抱着自己的小说，敲开一家家杂志社的门，她不是不知道自己有可能会失败，但她知道被动地等待只会更加糟糕，与其在深渊里看不见未来，还不如主动出击，至少会给自己一个安慰。

她的执着自信、不畏人言，她的才华横溢与野心勃勃终于让她名声大噪，实现了多少人梦寐以求的价值。

张爱玲一生特立独行，无论是与胡兰成的婚姻，还是后来嫁给赖雅，她极少在乎别人说什么，只是安静地做自己，属于自己的王冠她会努力地去争取，因为有野心，她更加有魅力。

有野心的人都是明智的人，张爱玲一生沉浸在读书写字的世界里，让自己在写作的领域发出了耀眼的光芒。

野心让她有了更多的见识。她知道了努力的滋味，尝到了成功

世上所有的坚强，其实全靠硬扛

的甜头，并被这个世界铭记。

4

作家艾小羊说："当你的野心足够大，你对这个世界的意见就会变小。你超越了讨厌的上司，向世界亮出自己的旗帜；你用实力征服一切，即使最后没有达到预期，至少不会为这一生，从未做过什么而后悔。"

有野心的人不会虚度光阴，他们会在有限的时间里实现自己的价值，让自己足够强大。

每个人都渴望得到社会的认可，但是这种被动地等待只会让自己埋没，有时候人需要拿出自己的野心，告诉世界自己想要什么，只有这样才能实现人生的价值。

有野心的人能把1%的机会转化成100%的可能性，即使前路泥泞，也不会动摇他们前进的决心，因为他们知道自己想要什么，为了这个结果，他们会疯狂地努力。

野心会给我们力量与平静，会让我们变得更加有魅力，它会给我们一双看世界的慧眼。当我们回忆往事时，一定会感谢曾经心怀野心的自己。

如果你不认命，
那就去拼命

1

　　每次说起朋友A我都会忍不住竖起大拇指。

　　因为家庭贫困，他过早地辍了学，命运把他放在了一个极低的起点，我一直以为他会像他的父母一样，踏踏实实地在家里种田，过着日出而作日落而息的日子。

　　如果不是送孩子上学，也许我再也不会碰到他，看到我之后，他跑过来打招呼，我笑着说："好久不见，最近做什么呢?"

　　他说："目前我是这所学校的历史老师，负责接待新生。"他说后，我大吃一惊，因为这所学校在我们市是最好的，他怎么可能会在这里当老师呢?

　　看到我有疑惑，他笑着说："辍学后，我不甘心农田的生活，所以就自考了，运气不错，考到了这所学校。"

　　简单的一句话云淡风轻，却包含着拼命的努力，命运把他放在了一个极低的起点，他选择了绝地反击。

　　很多时候，命运会捉弄我们，会让我们的人生步履维艰，在

世上所有的坚强，其实全靠硬扛

命运的折磨中有很多人选择了放弃，虽然心有不甘，但还是选择了屈服。

每个人的一生都会充满荆棘，生活也从来不会是幸福安稳的。面对逆境，我们只有打破所有的枷锁才会有一个崭新的人生，才能实现自己的价值。

2

去年，公司里来了一个实习的小姑娘，同事们觉得这小姑娘应该很快就会走，因为我们公司工作压力太大了，前面来的几个实习生最后都没有熬住。

乍一看，小姑娘看上去非常文弱，但骨子里有一种强大的能量。

让大家意想不到的是，小姑娘实习了三个月后竟然顺利转正了，有同事说她一定是走了后门，直到那次交流，我才知道这个小姑娘有多么要强。

那天晚上，我回公司拿东西，小姑娘还在做文案，我说："这么晚了，还不回去啊。"她抬头看了看说："我再弄会儿，多学点东西，我基础差，所以要加倍努力。"从她的眼神里我看到了坚定，也许她真的不够优秀，但她足够努力，天生要强。

稻盛和夫曾说："极度认真工作，就能带来不可思议的好运。"

那些天生要强的人，命运拿他们真的没办法，因为他们会想尽一切办法披荆斩棘，会让自己的人生之路越来越顺畅。他们自然会得到命运的垂青，实现自己的人生价值。

天生要强的人，会做生活的主人；天生软弱的人，自然会是生活的奴隶。你只有拼搏到无能为力，才能感动自己。

3

莫泊桑曾在小说中写过这样一句话："人的脆弱和坚强都超乎自己的想象。有时，我们可能脆弱得一句话就泪流满面；有时，也发现自己咬着牙走了很长的路，经历了数不尽的磨砺和坎坷，也一个人前行了长久的岁月，在脚踏实地扛着责任前行。"

有时候前进的路真的太难了，但那又有什么呢？如果你天生要强，自然会想尽一切办法改变，去寻找出路。

有人会哀怨自己没有一个富贵命，抱怨生活的不公平，可是这又能改变什么呢？不过是让时间白白地从指缝中悄然流逝了。

在人生这条漫长的道路上，我们没有资格抱怨，只有拼命地去努力，实现自己的人生价值，拼搏到感动自己。未来的你一定会感谢今天拼命的自己，因为你把曾经的山重水复变成了现在的柳暗花明。

就怕你不够专注，
还抱怨自己命苦

1

去深圳出差，见到了微友子涵。

我们相识于一个自媒体群，因为都喜欢写文章，就互加了好友。这次子涵更是热情地请我吃饭。其间，子涵说："你的文章写得真好，可我就写不出来。"

她说完这句话我挺诧异的，因为自媒体文相对来说比较好写，怎么会写不出来呢？在我详细追问下，子涵说出了实情。

她在一家律师事务所工作，平常还经常弄茶艺，会偶尔拿出少有的时间写作，因为在写作上时间用得少，所以她在写作这方面没有多大的起色。

我笑着说："你在写作上用的时间太少了，再说你从来没有专注地认真对待这件事。"我说完后，子涵用力地点了点头。

生活中我们似乎都在犯这个错误，明明对一件事没有投入太多，却奢望一个好的结果。其实，上天是公平的，如果你做到了专注，那么自然更能靠近成功。

很多人会在工作之余寻找兼职，但从未专注，也毫无规划可言，等坚持了一段时间后，觉得自己不合适，就放弃了。

做一件事，如果你能专注一点，会把有限的时间用在要做的事情上，那么，结果一定是非常好的，就怕你专注力不够，还怨天尤人，觉得自己命苦。

2

我认识一个专注力极强的人。

刚开始新媒体写作时，他写得一点也不好，虽然经常熬夜写稿，但一直被编辑拒稿。因为家里有一家超市，所以白天他要送货，写稿的时间几乎全是挤出来的。

接二连三地被拒稿后，他做了深刻的反思，到最后发现自己的专注力不行，自己从来没有认真地剖析过一篇文章，上了很多自媒体的课也没有认真听，有时候虽然在写东西，但心思早已跑到了九霄云外。

有了这个认识后，他开始改变自己。

认认真真地拆解文章，仔仔细细地学习要点，用心地对待每一篇文章，有时候一篇文章会反复改上十几遍，但他坚持了下来。正是因为这份专注，他很快出类拔萃了，在自媒体领域也有了一定的知名度。

我们每个人的精力是有限的，只有专注才能得到自己想要的，才能靠近成功的彼岸。如果你只是三分钟热度，那么注定会半途而废，如果你专注投入，一定会获得意外的收获。

当你真正做到了专心致志，那么定会有越来越多意想不到的好运悄然来到你身边。

3

法国作家罗曼·罗兰说："与其花许多时间和精力去凿许多浅井，不如花同样的时间和精力去凿一口深井。"

晋代大书法家王羲之，苦练了二十年，专注了二十年，由于他经常在池里洗笔刷砚，竟把池里的水染黑了。正是有了这份专注和坚持，才有了后期的书法成就。

我们都是平凡的人，起点和资质跟普通人一样，但那又有什么呢？只要你肯在一方面深耕下去，那么一定会比一个基础条件还不错，却始终无法对一件事做到全心投入的人，更能收获成功。

换句话说，你的专注里藏着自己的未来，藏着自己的成功。

人最忌讳今天干这个，明天又跑去干那个。投入了大量的时间，到最后，一事无成。

这世上没有随便的成功，我们看到那些功成名就的人都是极为专注的人，他们知道自己想要什么，会为了这个目标全力以赴，就算暂时遇到困难，也绝对不会退缩。

无论怎样，请一定相信，只要你专注做一件事，努力把事情做到极致，那么成功自然而然就会来到，你的人生也会从此与众不同。

真正的高手，
绝对不会左顾右盼

1

同学阿青入职两年，很快从普通员工晋升为策划经理，她这个变化让我们羡慕不已，不少人纷纷感叹她运气好。熟知阿青的人都知道，她的能力一般，这么短的时间内晋升确实有点突然。

有次聚会，我问她有什么秘诀。她笑着说："哪有什么秘诀啊，认真努力地工作呗。"我说："你就别卖关子了，快点告诉我。"在我的软磨硬泡下，阿青说了实话。

跟她同时进公司的有两个人，能力都在她之上，但这两个人都有一个毛病，做事一点也不专心，经常会分心。

刚去的时候，有个老同事吐槽某个经理，说他怎么怎么不好，这两个人就跟着附和，为此他们还专门建了一个群，私下里吐槽这个经理。当他们邀请阿青时，阿青拒绝了，因为她觉得这对自己的成长没有丝毫帮助。

就这样，阿青把有限的时间全部用在了工作上，努力学习，虽然自己的理解能力有些差，但她足够认真，另外两个人则只要空闲就会在群里吐槽别人，工作也是做得一塌糊涂，最后的结果也就很明显了。

阿青顺利晋升，而这两个人差点连工作都保不住。

一个人的时间是有限的，把有限的时间用好才是明智之举。如果你一直左顾右盼不提升自己，就很难有成就。你可能享受吐槽别人的过程，可你要知道这只会害了你，会让你一无所有。

真正的高手，绝对不是左顾右盼的人。

2

对于这一点，朋友阿坤深有感触。

阿坤高中毕业后就出来工作了，后来觉得自己学历不行，就想通过成人高考改变命运。这个考试本来很简单的，但阿坤还是没有考过。

我们在微信上聊起这件事，阿坤说："别提了，都怪我自己，要是能认真学习，肯定没问题的，可是我最终败给了自己。"

在我的追问下，阿坤说了实话，报名后他们在一个群里学习，刚开始阿坤劲头十足，但后来听说教他们的老师水平不行，就失去了动力，天天和学员在群里吐槽这位老师，但实际上这位老师的水平非常高，只是他们没有意识到。

老师让画的重点他们连看也不看，觉得根本没用，把有限的时间全部用在了吐槽上。临近考试了，他也不慌不忙，等考试的时候，阿坤傻了眼，因为很多试题这位老师都讲过，只是他觉得老师水平不行，而没有认真复习。

我对阿坤说："你这就是活该，不把时间用在学习上，而是到处左顾右盼，做一些不相干的事情，你这样的人要是能成功，那真没天理了。"

3

真正知道自己想要什么的人，绝对不会让一些旁枝末节的事扰了心智。

大学毕业后，我也曾犯过这种错误，在报社做记者的时候，因为觉得薪水比较低，我经常利用休息时间出去做一些兼职，这样一来时间被分散了，文章写得越来越差。

本来当时是想用休息的时间努力学习的，但却被一些琐碎的事情牵扯了，把宝贵时间全部浪费了，最后什么也没有做成。

通过观察我发现真是这样，那些认真专注不关心琐碎事的人都成功了，而那些左顾右盼不知所措的人最后都失败了。

取得成功最好的办法就是知道自己想要什么，然后为了这个目标全力以赴地去奋斗。

当你对事情左顾右盼时，你注定会变成一个失败者，只有踏踏实实地努力，认认真真地学习，你才能成为一个真正的高手。

一个左顾右盼不知道努力的人，别人想拉你一把，都找不到你的手在哪里。只有踏实地努力了，你才有资本实现更多的理想，才有能力抵抗这个竞争激烈的世界，也只有这样，你的未来才有可能是一片光明。

如果你在左顾右盼中浪费时间，那么一定要问问自己的内心想要什么，当你克服这些琐碎的纷扰后，就一定会得到自己想要的结果。

你的见识，
决定了你能走多远

1

《奇葩说》第五季有一个辩题："新技术，可以让全人类知识一秒共享，你支持吗?"

这一期，选手詹青云和陈铭的开杠精彩绝伦。在整个辩论中詹青云展现了自己强大的学识，她步步为营，全力攻击，完美的表现让人叹为观止。陈铭则逐个击破，最后发现漏洞，进行了强有力的反攻，强大到爆表的知识容量，引爆了全场。

在两人开杠的环节，陈铭发现詹青云隐藏了"物理大厦落成"这句话的后半句"还有两朵乌云也就是相对论和量子力学"，从而给自己的论点提供了强有力的支持。因为知识储备都强，见识的都多，所以才能给我们呈现出一场精彩的辩论。

见识多的人自信从容，不会怨天尤人，只有见识少的人才会到处抱怨，觉得世界不公。

作家王朔在《知道分子》这本书中有一段内心剖析：不知道从什么时候开始，我们对社会上一切的事情，非要往最下三滥的地方想才安心。

仿佛只有这样，才能证明自己所有的预想都正确，才能为自己总是"遭冷遇""不成功""生活在底层"找到合理开脱，从而也证明了自己机智过人，总有一双洞悉世事的眼睛。

这说到底就是见识少的缘故，见识少的人总有自己的一套理论，觉得这个世界上都是预设好的，失去了拼搏的动力，最后注定一事无成。

2

知乎上有一句话："一个努力奔走的人断然不会随便改变自己的想法，他们会为了梦想让自己变得更强大。"

在生活中，见识越多的人越能坚持自己。见识少，则总会在别人的意见中改变自己，觉得一切都无所谓，甚至会和他们一起嘲笑努力改变的人，生活在自己的沾沾自喜里无法自拔。

见识少，眼光就不会长远，会让我们在同一个机会面前失去的更多，这是显而易见的道理。你拥有的见识决定了你是否有更大的机会，所以不要怪上天给你的机会太少，而要怪自己的见识太少。

每个人都想有一段酣畅淋漓的人生，不想在烦闷的工作环境里迷失自己，却又不想去改变，只想毫不费力地重复。

人生有好多分水岭，而拉开差距的就是在某些时候你见识的多少，这个世界很公平，机会永远眷顾那些见识多的人而不是见识少的人。

　　一个见识多的人能看到很多隐藏的机会，见识多的人会在人群中散发不一样的气质，温和而有力量，谦卑而有内涵。

3

　　古希腊哲学家芝诺的学生曾经问过他："老师，你学识渊博，知道的事情那么多，为什么还经常怀疑自己的答案呢？"

　　芝诺回答："人的知识就像一个圆，圆圈外是未知的，圆圈内是已知的，你知道的越多，你的圆圈就会越大。圆的周长也就越大，于是，你与未知接触的空间也就越多。因此，虽然我知道的比你们多，但不知道的东西也比你们多。"

　　我们见识少，就常常误以为自己是最棒的，从而将自己禁锢在小小的世界里得过且过，忘记了外面的世界之大。

　　真正见识多的人是看到过很多风景，经历过很多的，所以他们不再把自己当成衡量万事万物的尺度。

　　沈南曾经在《金星秀》里说过自己的一个故事。

　　有一次，刘嘉玲来做节目，她上台和观众打过招呼后，直接走向了舞台边上的沈南，她说："我每周都会看你们的节目，你们配合得非常好。"并大方地和沈南握手，她的表现让沈南受宠若惊。

　　沈南说："刘嘉玲是节目开播以来，第一个主动走过来跟我握手的嘉宾。"

越是见过世面的人越谦卑。当你见过山外的山、人上的人，反而会觉得自己的渺小，会形成一种谦卑和恭敬的优良品质。

4

那么怎样才能长见识呢？读书和旅行是最好的选择。

关于读书，著名作家三毛说："书读多了，容颜自然改变。许多时候，自己可能以为许多看过的书籍都成过眼烟云，不复记忆，其实它们仍是潜在气质里、在谈吐上、在胸襟的无涯，当然也可能显露在生活和文字中。"

要让自己见多识广，就要多读书，虽然这个过程很枯燥，但为了能破茧成蝶，我们一定要咬牙坚持，也只有这样才会让自己变得更加优秀。

不仅学习能长见识，旅游也能。

海明威说："如果你足够幸运，年轻时候在巴黎居住过，那么此后无论你到哪里，巴黎都将一直跟着你。"

我们见识得多了，那些超出自己认知的事情就会显得正常。

卓越之人之所以卓越，在很大程度上就因为他们具有超乎寻常的见识。

那个最努力的人，
后来怎么样了

1

我常常在深夜里思考一个问题：人这一辈子到底为什么要努力？

大学毕业后的前几年，我虚度了光阴，我的不努力换来了生活最无情的惩罚，那可能是一段让我痛到痉挛的日子。

毕业后，做记者，一切非常顺利，可是那时我忘记了努力，虚度了光阴，恰好光阴也虚度了我。

在那个时候，我并没有意识到自己不努力，反而抱怨生活的不公平，觉得自己就是生不逢时。结婚后，我突然害怕，报社的月薪让我常常捉襟见肘，经过认真的思考后，我选择了辞职。

辞职后的生活非常艰难，但是我不会再颓废下去，而是选择了努力，选择了改变。就像有人说的，命运把你放在一个低点，只是为了给你一个绝地反击的机会。

人只要努力了，日子总会过得越来越好，从开始的苦到最后的甜，肯定是要经过命运的洗礼，让自己没有退路，这个时候就算前进一步都是不小的进步。

我们必须承认这个世界本来就是不公平的，但我们就要坐以待毙吗？

答案是否定的，我们要做的是努力改变。

几年前，我从来没想到自己会在市里买一套房子，因为那个时候我还在负债；几年前，我从来没想到自己会拥有一辆车，因为那个时候我还是在负债的状态。

越努力越幸运，这句话说得非常对，你只要努力就会改变。

2

朋友圈里有一位励志宝妈，她的故事让人唏嘘不已。

如果没有老公的背叛，她或许会一直幸福下去，或许会在家里安安静静地相夫教子。

可是这一切因为老公的出轨都变了。

没有人为你负重前行，你又有什么资格享受岁月静好呢？

是的，眼里容不得沙子的她选择了离婚，重新开始新的生活，由于一直待在家里，她的眼界早已跟不上了，因为生孩子身材也变得非常臃肿。因为照顾家庭，她曾经引以为傲的写作也搁浅了。

事情发生后，她知道自己没有退路了，如果不去努力，那么这个世界上没有人会可怜你，整个世界只会看你的笑话。

于是，她开始疯狂地学习，参加社会实践，用最快的速度适应这个社会的节奏。

　　我问她苦吗？她在微信上说："当然苦啊，但你没有退路了，努力是拯救自己的唯一方式。"

　　身材臃肿，她就立志减肥，很多时候我们对某件事并不是做不到，而是以为一切还有机会，还抱有侥幸心理，但如果你没有退路了，那么就会努力去做了。

　　每天迎着日出跑步，大口呼吸新鲜的空气，从未间断。

　　有时候会在健身房里挥汗如雨，她知道一个完美的身材对自己有多么重要，如此努力为的就是不让生活抛弃。一切准备就绪后，她开始找工作，很幸运地找到了一份不错的工作，她开始疯狂地努力工作，短短的时间内就升职加薪了。

　　后来，她重新拾起写作，因为有曾经的底子，所以她进步得非常快。

　　我觉得她没有必要这么拼命，但她说："就算生活好了，也会存在一些风险，我只是不想再经历那段刻骨铭心的日子。"

　　这个世界真的很残酷，也许我们拼命地努力不过是为了一个机会。通过努力，来改变自己的命运，可能开始真的很难，但那又怎样呢？

　　有时候，除了努力，我们真的一无所有。

3

我们努力并不只是为了活出属于自己的价值，更是为了生活得更好一点。

高中同学王凯就是一个努力的典型，因为家庭的贫寒，也因为父亲的车祸，他放弃了高考。

那段时间他整个人都颓废了，把自己关在屋子里。

母亲含着泪说："都是我拖累了你，要是你爸还在，我们家也不会这样。"

每当这个时候，王凯就会独自流泪，他知道自己根本没有资格埋怨母亲，埋怨这个给自己生命的人。

看着光秃秃的墙上贴满的奖状，他经常会想，人生难道就这么完了吗?

为了补贴家用，他跟村里人一起去外面打工，干最辛苦的活，拿最卑微的酬劳。

人生一旦陷入谷底，仿佛唯一能做的就是绝地反击。

王凯想改变了，夜晚，当工友们在打扑克的时候，他在昏暗的灯光下学习，他想通过自考来改变自己的命运。就算看不到终点，也要奋力一搏。

其实，很多时候就是这样，如果你去做可能会获得想要的成功，但如果你不做，那么等待你的只有失败。

海明威曾经在《老人与海》里说："一个人可以被毁灭，但不能被打败。"

为了改变，王凯疯狂地努力，终于顺利拿下自考本科，终于得到了一份不错的工作，也终于改变了自己曾在谷底的命运。

有次，我们一起吃饭，王凯说："生活没有给我留下退路，如果往后退一步就是万丈悬崖，我会摔得粉身碎骨，但是我不想死，还想活着创造属于自己的辉煌，所以我只能努力。"

所有努力的人都会让你刮目相看，因为他们有了改变的底气，自然会得到上天的垂青。

4

很喜欢《当幸福来敲门》这部电影，在这部电影里，男主角这样告诉自己的儿子："不要听信别人的，你成不了才。如果你有梦想的话，就要去捍卫它。只有那些一事无成的人，才会告诉你成不了大器。"

是啊，每个人都有梦想，每个人都会面临生活的考验，每个人都想活得舒服一点，所以在生活面前我们没有理由偷懒，只有疯狂的努力。

我一直觉得，每个人的人生都存在着无限的可能性。

网上看到一句话："你之所以那么努力，不只是为了让自己能够心平气和地跟傻瓜说话，更是为了让傻瓜能够心平气和地和你说话。"

钱钟书说："人生有两种境界，一种是痛而不言，另一种是笑而不语。天下就没有偶然，那不过是化了妆的、戴了面具的必然。"

那些努力的人，一定是活得更好的人；那些疯狂的人，也一定是最牛的人，因为他们饱受了生活的苦，自然会得到幸福。

愿你做一个努力的人。

你有多自律，
就有多成功

1

朋友圈里有一位叫李菁的姑娘，她在当地是一位小有名气的作家，也是一个非常自律的人，她在一篇文章里讲述了自己的故事。

她每天六点准时起床，从不让自己睡懒觉。

她说，玩到半夜三更，睡到日上三竿，是一场慢性自杀。人生的希望就在这黑白颠倒中慢慢地消散了，再想寻找时，就难了。

早起洗漱后的三个小时，她会用来练书法、运动、学习英语、吃早餐；早上九点到十二点是一天中精气神最好的时间段，她会用来写作；闲暇时间，她会一本接着一本地读书，这对她来说是会上瘾的事。

凭借这份强大的自律，她掌控了自己的人生。她出了很多本书，自己的人生也得到了充实。

2

我有个朋友叫萱萱，她是个不折不扣的胖子。刚开始萱萱并没

世上所有的坚强，其实全靠硬扛

有想过减肥，但一次工作面试彻底击垮了她的信心。

面试结果出来后，她的各个方面都不错，但这家公司对形象要求非常高，HR有些遗憾地说："真是可惜，如果你能再瘦一点就OK了。"

那一刻，萱萱无地自容，她没想到对方会这么直截了当地提出来，也为自己的不自律感到痛心。回去后，她下定决心：一定要瘦下来！

萱萱喜欢美食，现在她坚持管住自己的嘴，再也不吃高热量的食品。不仅如此，她还经常跑步健身。她不会在朋友圈里矫情地说自己在减肥，而是默默地等待瘦下来的结果。

一段时间的坚持后，萱萱瘦了。

减肥成功后，她顺利地找到了一份心仪的工作。

她说："很多事情我们完全能做到，但是我们却不愿意去做。因为害怕过程的艰辛，所以不会严格要求自己。"

而那些真正让人变好的选择，过程都不会很舒服。唯有你内心足够渴望，你才有顽强的意志力去支撑、鼓舞自己。

3

如果你从来不严格要求自己，只是不停地羡慕别人的成就，那么你注定不会实现自己的价值。那些光彩照人的人，没有一个不是自律的人。

当一个人知道自己想要什么，就要为这个结果付出努力，而自律是你获得理想结果的唯一保障。

虽然有些事情努力了也不见得会有好结果，但还是要坚信厚积薄发的道理。每天进步一点点，去感受自己成长变好的能力，去靠近那些看似遥不可及的梦想。

再遥远的路，只要脚没停下，那么就有到达终点的那天。

一个人若是不自律，任谁都救不了，他们在内心里已经放弃了自己，又怎么会实现人生的价值呢？

主动一点，
才能过上高配的人生

1

两年前，我和同事苏苏在人才市场招聘报社实习生。

其间，有两位求职者让我们非常满意，他们不仅学历高而且非常健谈，我和苏苏觉得他们未来一定是报社的好苗子。

由于求贤若渴，我和苏苏使出了浑身解数，终于让他们加入了我们的麾下，他们很快成为实习记者。

对这两名实习生，领导非常满意，只要有采访任务，就会安排他们和老记者一同前往，领导想尽快把他们带出来，给报社注入新鲜的血液。

实习生A家庭条件并不好，面对报社微薄的实习工资，他有点捉襟见肘，慢慢地，抱怨的情绪越来越严重，领导安排的工作总是应付了事。

看到他状态不对后，我跟他进行了一次谈话。在一个夏日的午后，我单刀直入："为什么要自暴自弃，你知道这个机会有多么不容易？"A苦笑着说："我连生存都解决不了，何谈生活和梦想。"

后来，我委婉地和领导说了这个事，领导表示即使单位里垫钱也要把他培养出来，可当我们解决了A的后顾之忧时，结果依然很糟糕。

在单位里，他几乎找不到自己的价值，每天按部就班地完成领导布置的任务，没有丝毫的主动性，甚至没有取得半点进步。

2

相比之下，实习生B的工作态度就很棒，虽然有时候领导并没有交代他任务，但B会主动去要求，他会一次次地跟领导汇报自己的奇思妙想，不论在采访方面还是选题策划方面都不错。

一次，单位里派出五个记者去采访一个大事件，因为事件的影响非常大，所以单位里非常重视，当然领导也没有忘记把这个机会给这两个实习生。

当A交稿的时候，领导很满意，因为他不论在语句上还是逻辑上都非常出色，当领导决定用A的稿件时，事情出现了回转。

领导看到B的稿子时，心里非常喜欢，他觉得B直接把新闻写活了，无论是事件本身还是可读性都无可挑剔，当领导把他们的稿子对比后，发现B写得非常全面，甚至提供了很多未发现的层面。

通过了解，我终于知道了造成差别的原因。在采访的过程中A只会局限于当事人，别的方面他丝毫不考虑，就是为了写稿而写稿。但是B在采访中会做大量的工作，不仅采访周边的人，还会查阅一些资料，最后才去采访当事人，因为这样，他获得了比较全面的资料，所写的稿件自然是上乘之作。

在单位的会议上，领导说："一个真正做事业的人绝对不会应付，因为他知道这份事业里藏着他的未来，藏着他光辉灿烂的人生。"

实习期结束后，A遗憾地被淘汰了，但他却依然不懂得反思，觉得B肯定是有关系，否则这转正的好事根本轮不到他。

这世上有很多人非常可悲，他们喜欢用自己的观念对事情做出评判，如果结果不让自己满意，那么别人肯定有问题。

3

心理学家研究发现，真正拉开两人距离的就是主动性，主动性很强的人一般都会获得自己想要的人生，但主动性差的却永远过着最低配的人生。

每个人的人生之路都不是固定的模板，我们要做的就是用自己的主动性去打破，继而获得自己想要的生活。

以前看过一个故事。

小北是个很漂亮的女孩，她在单位里工作了三年，比她晚来的同事陆续升了职，她却原地不动，心里很不是滋味。

终于有一天，她冒着被解雇的危险，找领导理论。她问领导为什么比自己资历浅的人都可以得到重用，而她却一直原地踏步。

面对她的提问，领导一时语塞，然后笑着说："这事我们回头说，现在我手头上有个急事，要不你先帮我处理一下？"

领导告诉她一个重要客户准备来单位考察，让她去问下何时过来，接到任务后，小北就马上去做了，一刻钟后她马上跟领导做了汇报。

当领导问她对方什么时候来时，小北给了一个模棱两可的答复。领导很快打电话把另一名员工叫来，对方比她晚到单位一年，现在已是一个部门的负责人。

当这位员工接到任务后，就马上去执行了。回来后，这位员工说："他们是乘下周五下午三点的飞机，大约晚上六点钟到，他们一行五人，由李秘书带队，我跟他们说了，我单位会派人到机场迎接。"

不仅如此，这位员工还说："另外，他们计划考察两天时间，具体行程到了以后双方再商榷。为了方便工作，我建议把他们安置在附近的国际酒店，如果您同意，房间明天我就提前预订。"

小北在一边听得脸发红，她也终于明白自己为什么原地踏步了。

4

为什么面对同样的机遇会出现这样的结果，为什么上天给了你一次绝佳的机会，你还依然重复着低配的人生？你的不主动正在慢慢毁掉你。

　　不要觉得这是一件很小的事，这将关系到你自己的未来，无论在生活还是事业上都要主动一点，多思考一点，唯有这样你才能过上高配的人生。

　　心理学家说："人们之间的差距是从微小逐渐变大的，而考究这个过程的唯一标准就是一个人主观能动性的大小。"

　　愿你做一个主动的人，愿你能过上自己心中最高配的人生。

成功不在于你做什么，
而在于你做得怎么样

1

朋友老黄是一名资深写手，之所以这么说是因为他写了很多年，但成绩却很差。老黄有一个出书梦，希望有朝一日能出版一本自己的书。

妻子骂他不务正业，除了上班就是不断地写，写了十几年也没有什么成绩，可老黄还是坚持了下来，他知道自己能力不行，就不断地阅读思考，然后认真地练习。

有次，一起吃饭，我问他："你这样值得吗？也许你天生就没有写作的命。"老黄呵呵笑着说："还没有结果，大概是我还没有把它（写作）做到极致吧，我相信自己。"

一件事情要么不做，一旦开始做了，就一定要得到一个结果，这成了老黄的座右铭，把事情做到极致，定然会盼到花开时。

终有，有出版社找老黄了，终于老黄的书出版了。我们前去祝贺的时候，老黄喜极而泣，他说："还好没放弃，还好做到了极致，真的太开心了。"

成功的获得，从来不是因为你有多高的天赋，而是看你能把工作做得怎样，它和你的先天悟性没有多大关系，而是看你是否能把坚持的事情做到极致。

当你渴望在某一个领域突破时，就一定要努力做到极致，也只有这样才会取得成功。

2

还记得原日本邮政大臣野田圣子的故事吗？

她是当时日本内阁中的成员，也是唯一的一位女性大臣，她之所以能取得如此大的成就就是因为她在起点低的时候依然能把工作做好。

她的第一份工作是在帝国酒店当洗厕工，天天都要把马桶抹得光洁如新。由于她从来没有做过这么脏的工作，所以第一天把手伸进马桶里的那一刻，她吐得稀里哗啦。

有一天，一位前辈在清洁完马桶后，竟然伸手盛了一杯厕所水一饮而尽，这件事给野田圣子带来了极大的震撼。第二天，她清洁厕所的时候也拿出了这种极致精神，一遍不行两遍，反反复复清洗，当她把马桶里的水一饮而尽时，脸上终于露出了欣慰的笑容。

其实，真正成功的人并不是有多么高的起点，而是他们在起点很低的时候，依然会努力地把工作做好，尽可能地做到完美。

把事情做好的人，都是渴望成功的人，因为心中有着强大的信念，所以才会努力让自己做得更好，正是这份匠人精神成就了自己非凡的事业。

3

看过一个巴菲特的故事：

有个年轻人向股神巴菲特请教成功之道，他让对方写下人生的二十五个目标，然后，再让他圈出最重要的五个。巴菲特问年轻人懂了吗？

对方回答："是不是让我先努力实现这五个目标，之后再去实现剩下的那二十个。"巴菲特说："错！那二十个目标，你应该像躲避瘟神一样躲避它们！"

事实上，巴菲特本人就是这样做的。除了关注金融投资、商业活动外，他对其他艺术、体育等，都充耳不闻。

正是这种把事情做到极致的匠人精神，让他成了史上最伟大的投资家。

每个人的时间、精力、资源都有限的，只有适当地取舍，把事情做到极致，才是通往卓越的正确方式。真正的成功不在于你做什么事情，而是看你能否把事情做到极致。

很多时候我们总是抱怨自己起点低，觉得眼前的工作根本配不上自己，总想着成就大事，殊不知，那些真正成功的人，从来不会在乎工作的高低，而是踏踏实实地把眼前的工作做好。

　　把一件事做好，看似简单但实质上很难。它需要我们具备坚定的信念、清晰的目标，在实现目标的过程中，还可能会遇到别人的嘲笑，但是这又有什么呢？只要我们认真去做，相信总有花开日。

　　每个人的成长过程都会伴随着痛苦，唯有内心强大的人，才会忍受住工作的艰辛，才会努力地把工作做好。一个人无论从事何种职业，只要认真投入，追求卓越，从敬业到专业，就一定会赢得属于自己的成功。

坚持努力，
最坏的结果不过是大器晚成

1

工作的第一年，我对未来充满焦虑，不知道自己的未来是什么样子，对同龄人取得的成就，我经常羡慕不已，哀叹命运的不公。

那个时候，租房和自行车成了我上班的标配，整天浑浑噩噩地混日子。

当我在忧虑中消磨时间时，工作上出了很大的错误，为此领导专门找我谈话，不得不说我的领导还算比较仁慈，并没有直接开除我。

但我却不知天高地厚地辞职了，我甚至觉得自己之所以生活得差就是因为这份工作。

辞职后，我依然对未来充满担忧，会经常陷入梦幻中，幻想自己某一天突然能光宗耀祖，在这种思想的左右下，我经常好高骛远。

因为对未来充满担忧，我的人生之路变得异常艰难，甚至连一些很微小的梦想都难以实现，在某一段时间我甚至放弃了自己。

后来，我试着调整自己，因为属于我的时间越来越少。

那段时间，我不再选择忧虑，而是一步步地去走，也不再考虑结果，而是尽自己最大的努力去争取。我开始疯狂地写作，开始为了梦想全力以赴。

其实，所有的路都需要我们一步步地走，我们对未来的担忧，不过是浪费时间，与其花时间担忧，不如全力以赴，只要你一直在路上坚持，最坏的结果也不过是大器晚成。

2

钱钟书先生说："似乎我们总是很容易忽略当下的生活，忽略许多美好的时光。而当所有的时光在被辜负被浪费后，才能从记忆里将某一段拎出，拍拍上面沉积的灰尘，感叹它是最好的。"

我们很难满足当下的生活，总觉得自己应该可以做得最好，但这些只是止于想象，很难落实到行动上，一直在后悔中停滞不前。

我有个同学也是对未来充满了担忧，他害怕自己的梦想无法实现，他抱怨自己生不逢时，但他从来不做，总是一边发牢骚一边退缩。

当同龄人比他生活得好的时候，他就说别人运气好，从来看不到别人付出的努力。

工作做不好，生活也过不好，一直处在对未来的担忧之中，害怕失败从来不敢开始。我建议他多努力，他说："这个时代，并不是努力就能换来成就的。"

对于他的论调我非常气愤，虽然努力可能暂时不会改变现状，但总也比原地踏步强。

这世界上没有一个人是不用努力就会获得成功的。

在人生这条道路上，对不确定的事情担忧，就是浪费时间，当你选择担忧不付诸行动时，那么你的人生注定会一事无成。

3

其实，真没有必要一直担忧未来，因为这太浪费时间了。

有这么多时间，我们完全能干很多事情，就算梦想之路步履维艰也一定会有实现的那一天。

我们完全没有必要在起跑线上宣告自己要努力，因为终点处的成绩会说明一切。

人生只有耐得住寂寞，努力地去奋斗，才有实现自己价值的可能性。虽然，有时候我们会痛苦和失望，但只要知道结果是好的，就可以了。

那些为梦想努力的人，老天从来都不会辜负他们的努力。对未来充满担忧不思进取的人总是羡慕别人成功的结果，却没有想过他们当初的付出。

真没必要担忧未来，因为你无法改变，你只有踏实地做好当下的事情，才会让自己越走越远，才会迎来无限可能。

挺过苦寒的严冬，
一定会有明媚的暖春

1

和朋友小房已经六年没见了，这次见面他的变化让我大吃一惊，自己的辅导班办得有模有样，成了很多年轻人羡慕的成功者。

六年前，小房很穷，穷到靠信用卡度日，一次我们一起吃饭，他说："大哥，我觉得自己没有未来，你看同龄人都买车买房了，而我还是一无所有。"

父母是地道的农民，日出而作日落而息，根本无力给小房提供帮助，看到同龄人的生活，小房陷入了绝望中。

人生最难的并不是不努力，而是不知道怎么努力。

那段时间，他尝尽了生活的苦，原本以为这就是最坏的结果了，但没想到父亲却在这个节骨眼上犯了病。父亲生病的时候，小房彻底绝望了，叫天天不应，叫地地不灵。

有人说，那些打不败你的事，终究会让你更强大，挺过苦寒的严冬终究会迎来温暖的春天。那段时间小房想开了，他拼了命地努力，既然结果已经这样了，那么只要稍微前进一点点就是巨大的进步。

　　现在的他已经非常不错了，买了大房子和车子，他说："我从来没想过自己会有今天的生活，感谢这些磨难让我的人生更加璀璨。"

　　事实上真是这样，当一个人熬过了苦难，挺过了严寒的冬天，生活的逼迫让他不会再在无用的事情上浪费一秒，那么等待他的就是阳光明媚的春天了。

2

　　每个人都有一段黑暗的日子，只有熬过那段黑暗，才能看到向往已久的黎明。

　　参加工作的时候，原本以为只要努力地工作就能实现梦想，但工资却经常让我捉襟见肘，那段时间生活极其痛苦。

　　很快我结婚了，还是一无所有，不知道如何改变，更不知道自己的未来是怎样的。儿子出生后，我的压力更大了，在这个时候我选择了辞职，然后欠债近二十万元回家开批发超市，虽然很累，但至少能维持生计。

　　那段时间，我受尽了别人的冷嘲热讽，可我挺了过来，在生活面前，一切都不重要了。超市运营了两年后，逐渐走上了正轨，我的生活也有了一点起色。

　　这个时候，我重拾写作，凭借一份要改变的决心，我经常奋战到深夜，终于我迎来了属于自己的春天。

寒冬真的不可怕，可怕的是你在寒冬面前畏首畏尾，失去了突破的勇气，如果你自暴自弃，那么生活也一定会陷入万丈深渊中。

在人生的道路上，我们只有靠自己才能打拼出一条生路来，这条路上注定充满荆棘，我们要做的就是不要退缩，去迎头搏击，只有这样才能迎来阳光明媚的春天。

3

每个人的生活都不是一帆风顺的，很多时候会充满苦难。在苦难面前，我们会不知所措，会痛到怀疑人生。

有些人在苦难面前缴枪投降了，有些人则选择迎难而上，敢于亮剑。

我们都曾绝望过，都曾抑郁过，都曾找不到属于自己的未来，因为生活的磨难而痛苦落泪，可仔细想想，这些又有什么呢？

年轻是我们最好的资本，哪怕只有一丝机会，我们也要奋力改变。在这个世界上除了我们自己，没有任何人能帮助我们。有人看你笑话，有人给你的生活设置障碍，但这一切根本不重要，只要你想改变，那么一定会实现。

苦难的生活环境确实让人感到绝望，但如果你具有坚强的意志，具有积极进取的毅力，为了明天发奋努力，那么你一定会克服所有的困难，让自己的人生更加辉煌。

如果你现在正在遭遇寒冬，那么请一定要坚持，只要你握住命运的铁拳，那么你一定会击中生活的要害，让你的人生大放光彩，用最好的姿态拥抱美丽温暖的春天。